築地魚市打工的幸福日子

福地享子 著
許展寧 譯

目次

推薦序

築地魚市的生活道理

資深文化人　陳雨航

旅行的時候，即使不便購買自炊，如果有機會，你還是會去逛逛生鮮食品賣場、傳統市場，或者早市、黃昏市場，看看與你的生活參差的果蔬魚鮮等等，間或瞄一瞄標價，感受一下場所的氣氛，從而約略知道一點當地人們的食生活什麼的。

以日本來說，於是你逛過京都的錦市場、釧路的和商市場、長崎的青空市場、東京上野的阿美橫町與清水的魚河岸，甚至你還逛過鎌倉驛前小街巷裡的市場。

那麼築地呢？這個東京都最大的果菜魚鮮批發市場，特別是那世界最大交易量的水產市場，他們稱為「魚河岸」的築地魚市？當然有機會也要去，你並不會太陌生，電視美食節目或者旅遊雜誌總也會提到它，腦海裡還存一些模糊的影像，而且築地市場那帶的場內場外市場已經發展成一個可觀的景點了。你不會想去看他們的競標場面，或者你想去，只是那得清晨五點趕往，而且得注意別妨礙了那繁忙搬魚貨的動力車。你想，算了，旅行嘛，幹嘛弄得像打仗？

於是你（其實我一直說的是「我」或者「我們」啦）從容在近午前往，逛一圈場內市場，一間間的乾貨店，飲食店必需品供應商，廚房用品店……甚至還有一家魚類書籍專賣店，當然，最終在「大和壽司」、「壽司文」，或者哪裡哪裡吃了一份美味的壽司後，結束了這趟築地半日行。

這樣當然沒什麼不好，而且還滿愉快的，只是，其實我們可以瞭解得多一些。

福地享子是一位自由採訪作家，偶然的機會，朋友介紹她到築地魚市的一家中盤商去為他們寫廣告單。寫廣告單要瞭解魚類，她必需一趟趟地去，觀察、請教，但很快地，她喜愛／認同了那裡，並決定跳下去，成為他們的一員。微近中年的她從練習生做起，開始撰寫這本書的時候，她已經在這家叫「濱長」的魚貨中盤商工作四年了。

既有強烈的學習意志，又有寒冬手指免不了浸泡冷水工作的特訓，各種魚類的殺魚手法成為一時的目標，這樣的人生追求，讓她成為築地魚河岸人後，能夠返過身來，從內細心觀察其中的種種。她說：「在外人的眼中，河岸就是粗里粗氣的男人世界——以前的我也曾經這麼認為過。但不論是在河岸工作還是上門採購的人，每個人都擁有細膩的心思。就連大老闆在特訓期間對我的凶狠，也都隱藏了他的溫柔與關懷……」

除了生動地介紹築地魚市的結構、日常運作流程、幅員等基本內容之外，這位身穿染有魚腥味的圍裙，足登防水長靴，脖子上掛著毛巾的「大姊」敘述起築地魚市的四季和身世時，充滿了人的氣味。

她談道：隨著季節各式魚類輪番登場時——以當今的新子和江戶時代的初鰹為例——我們都明白新登場的魚其實未臻最佳狀況，稍微等待，時候到了，當令的魚既美味又便宜，然而人們免不了虛榮心作祟，搶著吃高價的新登場魚鮮。另外就是產地的迷思，哪裡出產什麼魚，哪裡又出產什麼魚，就變成了名牌的觀念，而「身為悲哀的人類，只要一看到名牌貨，就會不自覺地失去平常心」。

談起魚河岸的起源和地點的更替，她會在數百年漫長的歷史中提起江戶魚河岸人的穿著，因應環境的木屐、束髮方式、和服裡的中衣等等，都讓城裡的人爭相模仿，成為流行的中心。對照身著長靴圍裙，一邊用脖子夾住手機聯絡事情，一邊忙著分裝整理魚貨的現代魚販打扮，思索著江戶時代遺留下來的傳統，在不久的未來魚河岸由築地遷往豐洲，歷史翻過新的一頁之後，還會剩下多少？

因為對融入以努力工作獲取尊嚴的人群抱持熱情，作者對魚河岸的人們著墨甚深。這兒有各種認真打拚的面貌：像是歷經病魔的侵襲，感受到店家噓寒問暖的溫情，卻仍不忘其一生職志、努力殺價的壽司店老闆；飽經人間風霜，挑挖赤貝辛勤工作，直到中風倒地，卻不忘在工作角落以一面小鏡保持整齊髮型、俐落化妝的大姊……

鮮活的可不只是魚，多的是她筆下的身影和人情。這些身影和人情終成書的主調，時而逸趣橫生，時而又使人慼嘆。

我們因此認識了築地魚市場，同時也多少瞭解了那裡面的生活道理。

前言

東京都中央批發築地市場，占地約六個東京巨蛋大，生鮮水產及蔬菜水果應有盡有，其中水產的交易數量更是居世界之冠，被譽為「日本的巨大胃袋」。築地市場的前身，是江戶時代誕生於日本橋的魚市場。大正十二年（一九二三），關東大地震發生後，魚市場就遷移到了築地，但過去在日本橋時期稱呼魚市場時所使用的暱稱——包括「魚河岸」或是「河岸」卻依舊保存了下來。或許是因為名字聽起來倍感親切，才會如此這般深植人心吧！

市場的任務，原則上是用競標的方式決定來自國內外，量大又種類繁多的商品價格，並進一步將商品分裝整理，讓客人能購買到適宜的數量及大小。在築地市場裡，每天大約有一萬多人在這裡工作，其中參與競標、在市場內開設商店，販賣商品給零售業者的集團，被稱為批發商或是中盤商。中盤商們在這座猶如巨蛋的市場裡開業，光是水產相關的店家數量就高達九百多間，本書中所登場的「濱長」也是其中之一。壽司店、天婦羅店、和式、洋式還有中式餐廳，以及零售魚販等都是「濱長」的主要往來客戶，是市場內規模較大的中盤商。而在書中以大老闆[1]之名登場的「濱長」店主，比起中盤商這個名字，平常大都自稱為「魚販」。

我會來到「濱長」，起初是因為要幫店家製作傳單，方便讓他們能在每個月向客戶推薦當令鮮魚。我原本的工作只需要向店員請教魚的資訊，然後再將內容整理起來製作成傳單就可以了，但當我初次造訪「濱長」的瞬間，我卻感受到一種莫名的衝擊。「我想成為裡面的一分子，我也想試著使出渾身解數來工作。」一股強烈的衝動向我席捲而來。第一次踏進河岸時，我就很清楚自己不但對魚一無所知，體力跟生活習慣也完全不適合河岸的環境。但即使如此，這裡依然有一種讓我願意奮不顧身的獨特魅力。

於是我就這樣硬賴在「濱長」，掛在脖子上的毛巾，還有染著魚腥味的圍裙跟長靴都變成了我的制服。等我回過神來，我已經在河岸的一角度過了四年歲月。

然而就在二〇〇一年時，河岸遷移之事正式拍案定讞，魚市場預計將在二〇一六年前，遷移到離築地兩公里遠的江東區豐洲。

現在的築地市場是在昭和八年（一九三三）竣工，不論是設備還是規模，都堪稱是當時東洋首屈一指的市場。然而東京都人口的成長超乎想像，對都民而言有如廚房般存在的築地市場，已經到了難以負荷的狀態。在市場日趨老朽之下，新市場的誕生當然也是可以預期的。

新市場裡應該會備妥了劃時代的最新設備吧？隨著時光流逝，築地市場會有所改變在所難免，但令我寂寞的是，我所深愛的河岸風光也會跟著一起消失。

載著魚貨擠在狹小通道上的板車，店員與會計之間激烈交鋒的獨特暗號，要在露天建築裡發著抖抵著寒冬進行的作業，浦安出身的大姊們用著高超手藝剝貝殼的畫面，以及不時從對話裡頭流瀉出的江戶河岸用語，這些恐怕也都將跟著近代化的腳步一一消逝才是。

人類的記憶是很單純的東西。當那些回憶裡的事物消失時，關於他們的記憶也會在瞬間變得模糊不清，我就曾經有過這樣的經驗。沒錯，即使是這片令我深愛不已的河岸，總有一天也會從我的記憶中被抹去。所以為了讓這片日常風景能永留在我的心中，我開始試著整理過去每天抽空所寫的筆記，希望透過這些剛從產地送來的當令鮮魚，由

1 原文為大將，除了代表是一軍的指揮者外，同時也有拉近距離的意義。

四季交織出的各式情景，還有市場內人與人之間的溝通交流，可以讓各位讀者感受到來自河岸的氣息。

二〇〇二年早春　福地享子

第一章

不請自來的「貓幫手」

初訪河岸之日

我定時來河岸報到，呃，正確地說，應該是來「東京都中央批發築地市場水產部」報到已經四年了。這裡高達有九百多家水產批發商店，而我目前正在其中一家店裡幫忙。

一切是這樣開始的……

「河岸的魚店正在找人寫宣傳單，妳要不要去試試看？」

我接到了這樣的電話。

我目前的身分是自由文字工作者，專門承接文字編輯相關的案件。我的工作內容相當多元，像是幫女性雜誌寫寫文章啦，或是製作料理書籍等等。對我來說，寫傳單就像是文字編輯的延伸，所以也沒考慮太多就接下了這份工作。

過了一個禮拜之後——

介紹人跟我約好早上九點在築地本願寺前碰面。唉呀這下可好了，早上根本起不來的我，一想到這就不禁頭疼了起來。

到了當天——

靠著三個鬧鐘好不容易爬起床的我，想起介紹人說過：「那天穿得隨便一點過來。」頓時站在掛滿外出服的衣櫥前不知所措。雖然最後順利出了門，但因為不習慣早起的後遺症，害我整個人頭重腳輕的，甚至還不小心搭錯了電車。畢竟平常我都是早上九點才起床，而且通常要等到中午過後，我的腦袋才會變得比較清醒一點。

一看到燃燒著熊熊怒火，像門神一樣站在築地本願寺前的介紹人時，大遲到的我不由得垂下頭——這下可能談不成了吧……

望著左手邊的小神社，渡過水藍外漆已經斑駁的海幸橋，無精打采的我總算抵達了目的地。這棟宛如洞窟般黯淡的建築物，窄小的通道兩旁，從頭到尾都擠滿了像是臨時搭建的小店鋪。講好聽點可以稱之為商店街，但就算是場面話，也無法說它乾淨整齊。

介紹人的腳步停在其中一間離入口較近，店面也比較大的店鋪前面。招牌上寫著「濱長」，這裡就是我們的目的地。

店門口的鮮魚被燈泡照得鱗片閃閃發亮，就連魚類白癡的我也能一眼看出這些魚新鮮得不得了。不過店裡不但沒有擺放價格牌，門口擺的也淨是些我沒見識過的鮮魚。隔壁的海膽堆得像座小山，鮑魚不斷地扭動著身軀，活魚也在水槽裡悠游著。

大蚌殼似乎在嘲笑像傻子一樣呆愣愣的我，咻的一聲噴了口水，弄濕了我特地準備的白色新球鞋。

一陣低吼聲傳進了我的耳裡：

「昨天的魚是什麼鬼東西啊！老子在這裡買了十幾二十年的魚，竟然給我那種賣給外行人的貨！這是在看不起老子嗎！」

彷彿只有在黑道電影才會出現的粗魯用詞，讓我不禁打起了哆嗦。

至今我曾走訪過各地有名的市場，像是金澤的近江町市場、札幌的二条市場、京都的錦市場，還有大阪的黑門市場等等。不管是鮑魚、海膽還是水槽的活魚，這些全都曾在我的記憶裡出現過。然而這裡整體的氣氛，卻與我過去參訪過的市場截然不同。

「太太！要不要買點魚啊！」

「來喔來喔！今天剛撈上岸的竹筴魚[2]喔！」

每去市場必會聽見店家朝氣蓬勃的吆喝聲，在這裡卻一句也聽不見。店員們雙手叉在胸前，看似悠閒地等著生意自己上門，眼神卻銳利地上下打量著顧客；要不然就是在忙著招呼熟客，或是趕著分裝魚貨，將鮮魚一一塞入袋子裡。經過「濱長」門口的客人，每個人的手上都提著竹編的大籃子，繃著臉迅速地走過。

呆站在狹路中間的我，就連站也無法站穩。

「不好意思！」路人邊說，邊從我身旁快速通過——「擋在路中間幹嘛啊，礙手礙腳的！」輕易就能猜出他們話裡背後的含意。

簡而言之，這裡跟我之前參觀遊覽過的市場完全不一樣，全是專門給行家光臨的店鋪，是外行人無法隨便接近的工作場所。

我感覺到自己彷彿初入異鄉，內心充滿了不安。

但一邊感受著疏離感，不對、或許正因為有了這份疏離感，才讓我湧起了想在這裡工作，想成為其中一分子的念頭。我的性格似乎跟牛很像，一看到紅布在我眼前晃啊晃地，就會想奮不顧身地往前衝去。簡單來說，就是不懂得瞻前顧後，老是喜歡一股腦地橫衝直撞。

「喔！人來啦！」

2 竹筴魚，日名ma-a-zi（真鰺，音同艘），拉丁學名為Trachurus japonicus，中名為真鰺或日本竹筴魚，日本的竹筴魚因產地不同、季節不同售價差很多倍，也有很複雜的俗名。臺灣產的除了少量本種以外，應該還有一、兩個近似種。竹筴魚的日文漢字名稱，與中國濱黃海區使用的相同，應該是沿用中國的講法。

那一天，願意笑臉盈盈迎接我們的只有一個人——就是之後我稱呼他為大老闆的「濱長」社長。但話雖如此，他的表情看起來還是有些僵硬。

「我以前年輕的時候啊，可是有跟好哥兒們去過那種，女人的眼皮啊都塗得藍藍的地方喝過酒呢！但是啊，在河岸這裡跟女人聊天的經驗就……」

等到大老闆工作結束後，我便跟著他到了河岸附近的壽司店，在那裡聽他說了這麼一番話。剛開始我只顧著吃壽司，但是等到其他事聊到一個段落後，大老闆又把話題給轉了回來。就算遲鈍如我，也注意到了他話中的弦外之音——

「妳一個女人家跑來河岸這，真的可以勝任這份工作嗎？年紀看起來也老大不小了吧？我們是要請人寫傳單沒錯啦，不過這裡可沒什麼女人啊！本來我還以為來的會是個男的呢，真是嚇死我了。」

這大概才是大老闆真正的心聲吧？

我曉得的魚頂多只有竹筴魚跟沙丁魚[3]幾種，對魚根本連認識都還稱不上。而且又是體力衰弱的夜貓一族，完全不適合河岸的生活作息。然而，當我領悟到大老闆的話中含意時，我的眼前彷彿有一塊巨大的紅布正在揮舞著，這些負面的思考立刻就被我拋在腦後。

什麼嘛，不過就只是寫個傳單而已，小事一樁！就每天來魚市場走走，聽聽魚的知識，然後再把資訊整理一下就好了嘛，哪有什麼困難。

不過大老闆可是在河岸工作了將近五十年，不但身材結實眼神銳利，在店裡也總是扯著粗野的嗓門說話。就算我在心裡洋洋灑灑地嗆了那麼一長串，面對這樣一號人物，頂嘴的勇氣也頓時煙消雲散。只好硬著頭皮掛起笑容，繼續狼吞虎嚥地吃著壽司。不知道是不是大老闆覺得再聊下去也沒什麼意思，「妳有時間的話，就來河岸這邊露露臉吧！」這一天就這樣結束了。

「濱長」來往的客戶包括壽司店、天婦羅店還有西式、和式、中式等餐飲店。不過最近用電話下訂單，請批發商直接外送魚貨的客戶開始變多了。今天有哪些鮮魚好吃？現在這個時節買什麼魚比較好？雖然以前大家都是來河岸親自挑選魚貨，但現在會這麼做的人已經逐漸減少了。或許是為了那些無法親自前來河岸的客戶，他們才想在外送的盒子裡放進本月推薦好魚的傳單，也才會在尋找寫傳單的人吧！

3 沙丁魚，日名 ma-i-wa-shi，拉丁學名為 Sardinops melanosticta，中名為遠東擬沙丁魚、遠東砂璃魚等。基隆有少量出產，俗稱為鰮仔。即使加碎冰保存也易迅速退鮮，通常捕獲即在船上汆燙，帶回岸上曬成魚乾銷售。

不吃魚，哪懂得了魚

總之，決定好一個月製作一次傳單後，我開始每隔一天就到河岸報到。只是對不擅早起的我來說，能在九點左右抵達河岸已經是最大極限了。河岸的「早晨」，指的其實是深夜兩三點，九點已經是他們工作到一個段落的時候，反正大老闆也要到那時才有閒工夫理會我，對我而言也算是個意外的福音。

為了不妨礙店家做生意，無所事事的我總是盡可能待在一旁，默默地看著他們工作。等到工作結束後，大老闆就會在河岸請我吃午飯，並在那裡開始跟我聊起魚跟河岸的話題。

「海水的流向一改變，魚也會跟著改變。」

「底棲性跟洄游性的魚完全不一樣。」

我們聊著諸如此類的內容。

但無論我多拚命地作筆記，那些話卻總是左耳進右耳出，一點也記不進我的腦袋裡。畢竟說到底，我拿魚真的是一點辦法也沒有。

最後實在是死到臨頭，我只好在口袋裡暗藏了一本魚類迷你圖鑑，開始一個接著一個地向店員問起魚的名字。其中特別令我在意的是一種身體細長，泛著淡淡朱紅的魚。

「那是竹麥魚[4]。」

原來如此。我從口袋裡掏出圖鑑，開始查起竹麥魚。長長的鬍鬚，還有像孔雀般美麗的魚鰭。原來如此，的確長得一模一樣呢！我一邊瞄了瞄擺在門口的魚，一邊讀著解說。

什麼？「因為會發出啵啵的聲音故取名為竹麥魚。」原來牠的名字是這樣來的啊。書上還另外寫著，由於外型氣派華麗，是一種經常出現在喜慶宴席上的白肉魚。

喔——原來這就是竹麥魚啊！

除此之外，我的心裡就再也沒有其他感想了，每一次都是如此。雖然我很擅長裝成一副貪吃鬼的模樣，但面對這些美味鮮魚的興奮感，到最後也只會轉變成一種在欣賞模型樣品魚的心情。

但話雖如此，傳單還是非做不可。

4 竹麥魚，日文發音為ho-bo，故另有「魴鮄」的寫法，拉丁學名為Chelidonichthys spinosus，中文名為棘綠鰭魚或棘角魚，俗稱雞角。

每個月的傳單，我都是跟一位名叫阿岡的年輕人一起製作，他在店裡是專門負責小鰭[5]還有星鰻[6]等壽司魚材。雖然因轉職而來到河岸工作的人不算少，但曾在音樂業界工作的阿岡，算是這裡難得一見的帥哥。

「七月嗎……正是黃雞魚[7]的時節呢！啊，還有活跳跳的魷魚[8]喔！我在函館有看過。那真的很好吃。」

「所謂的活跳跳，是指還活著的魷魚嗎？」

「是啊。早上剛撈上岸的魷魚會在十點左右抵達羽田，下午就會開始轉送到各地去，剛好可以趕上晚餐時段呢。」

那麼新鮮的魷魚被送到東京這了啊……我完全想像不出什麼活跳跳的新鮮魷魚，因為我是個蠢才作家，只寫得出自己看過聽過的東西，所以我只好開始拚命追溯自己關於魷魚的記憶。但到最後，我只想得起母親做的醃魷魚，還有曾在電視上看過的魷魚釣船。記得那時的魷魚釣船，好像不斷用著照明燈在照射海面。

於是每當這個月的推薦好魚決定後，我就會買一大堆相關書籍拚命翻找資料，把其他人寫的，那些有趣又專業的內容通通整理在一起。

等到那些傳單發送到客戶手上後，「本月推薦好魚」就會陳列在店門口。當我第一次仔細碰觸那些鮮魚時，我的內心開始在隱隱作痛。當我在活魚區看著正在扭動身軀悠游，全身透明而美麗的魷魚時，我滿腦子「如果是現在的我，一定可以把傳單寫得更好吧！」全是懊惱跟悔恨。

我就這樣在河岸度過了三、四個月。

或許連大老闆也開始察覺到，我只不過是把書裡查到的資訊整理成文章而已吧？只見他隨手抓了幾條門口的鮮魚，放進塑膠袋交給了我。在河岸這裡，拿來當作伴手禮送人的鮮魚稱之為「小菜」，而大老闆就是把所謂的小菜送給了我。看來他似乎是要我再多學習一點的意思。望著大老闆的動作，我頓時不曉得該如何是好。袋裡裝著的應該是六線魚[9]

---

5 小鰭，即鮗（ko-no-shi-ro，拉丁學名為 Konosirus punctatus，中文名稱為斑鰶，鰶魚）的小魚，一般約指十公分左右大小的魚，是東京附近的稱呼。

6 星鰻，日名為 a-na-go（穴子），拉丁學名為 Conger myriaster，中名則有繁星糯鰻、星康吉鰻等，臺灣很少見，為日本江戶前壽司的重要食材。

7 黃雞魚，日名為 i-sa-ki，拉丁學名為 Parapristipoma trilineatum，中名為三線磯鱸，又稱三線雞魚，俗稱黃雞、黃雞魚、三爪仔等，臺灣常見於東北部及澎湖群島。

8 魷魚，su-ru-me-i-ka，乾製品在民國六〇年之前常賣到臺灣，就是烤了吃的魷魚干，臺灣不出產。中國稱為太平洋褶柔魚，拉丁學名為 Todarodes pacificus。

9 六線魚，日名 a-i-na-me，拉丁學名 Hexagrammos otakii，中名為大瀧六線魚，大瀧就是種名的命名者。臺灣不出產，目前亦常譯之為花鯽。為棲於溫帶淺海礁石，躲藏海藻叢的白肉魚。

和石狗公[10]，可是就算帶回家，我也沒有自信能料理好牠們，我甚至連好好殺過魚的經驗也沒有。但當我老實的跟大老闆坦誠後，他卻大聲斥喝我：

「混帳傢伙！不吃魚哪懂得了魚啊！」

為了防止鮮魚腐壞，接過手的塑膠袋裡又放了一袋塞滿冰塊的袋子，重到手臂都快要被扭斷了。只是跟塑膠袋比起來，我的心情卻是更加沉重……

正好在那個時候，雜誌有緊急的採訪行程插進來，我的軟弱性格也乘機冒出頭。於是，我就藉機蹺了頭，有好一陣子都沒去河岸報到。

可是，我還是很喜歡河岸的一切，為了要好好認識魚，無論如何我都應該要更融入河岸的生活才對，但為什麼我就是做不到呢？

「妳是誰啊？妳來這做什麼？妳到底在幹嘛啊？」

每每去到河岸，我總是會感受到這股刺眼的視線。疏離感………變成了一堵厚牆，阻擋在我與河岸之間。

既然如此，為何不乾脆讓他們瞧瞧我的厲害呢？

兩個禮拜後，我去了河岸。

雖然我依然和往常一樣縮在店內一角，但這天我還有另一項目的——就是當店裡的工作結束後，我打算幫忙一起做打掃工作。

在河岸，不管做什麼都是運用人海戰術——每天收工後，店裡總是四散著空保麗龍箱、塑膠袋、魚的骨頭和內臟，還有果汁空罐等雜七雜八的東西。所以大家會合力把東西全撿起來，最後再用大量的水代替掃帚通通沖洗乾淨。當我也彎下腰開始撿垃圾時，負責鮮魚的阿真就匆匆跑了過來。

「沒關係啦，妳不用一起撿啦！會弄髒衣服的。」

接著連阿岡也過來打算搶走我手中抱著的空箱子。

「真的沒關係啦，妳不用幫忙打掃啦。」

我一邊默默地繼續幫忙打掃，一邊為之前的自己感到丟臉。

明明想加入他們其中，想跟大家沒有距離地談天說笑，但我卻一直以客人之姿待在這裡。

從那次以後，我都會幫忙打烊後的打掃工作。

10　石狗公種類甚多，通常賣到市場的多屬體型大的深海種類。淺海亦有中小型種，其中大多數種臺灣也都出產供食用。

但與其說我是在幫忙，倒不如說是在幫倒忙還比較貼切。看著想要盡份心力的我，大老闆的嘴巴突然變得囉嗦許多。

比方說像是整理存貨的時候——所謂的存貨，指的就是要放到隔天早上的魚貨。首先要在保麗龍箱裡鋪滿冰塊，而後為了防止魚身直接接觸冰塊，冰塊上面還得要再鋪上一層報紙。接下來把魚排好後，蓋上一層紙或玻璃紙，再倒入滿滿的冰塊。不過正因為我不熟悉魚，這項作業我老是無法做得很好。

「喂！不要抓魚的尾巴！」

耶？一般不都是抓魚的尾巴嗎？

「要用雙手輕輕捧著魚腹才對啊。不懂得好好對待魚的傢伙根本稱不上是河岸人啊！」

喔——我都不知道。真是不好意思。

「喂！冰塊再加多一點啊！沒事放這麼少，到了明天不就全都融光了嗎！」

「妳究竟有沒有想過為什麼要塞冰塊進去？因為魚的肚子很容易腐壞啊！所以魚放進去的時候，必須要把肚子放在冰塊上排好才行！妳以前到底是怎麼看的啦！」

如果我是大老闆，一定會覺得這個女人沒用到了極點，不在還比較好做事吧！但即使被念到臭頭，我依舊照常幫忙打掃的工作。就算大老闆罵得再凶，我還是越來越喜歡和魚接觸。

於是接下來，我開始想往下一個階段前進。

我的鯛魚戰友

我的下一個階段，就是想要再更接近魚一點。那麼我該做些什麼才好呢？

為了替下個階段做準備，我買了長靴跟塑膠圍裙。

長靴是河岸的必備打扮。在河岸工作的人，不論男女，每個人的腳上都一定會穿著長靴；而塑膠圍裙主要都是男用，給那些在殺魚，在水槽前處裡活魚的人使用。大部分的河岸女性主要是擔任會計，因此大都是穿著類似布製的圍裙。不過在這裡，我還有目的等著要去做，所以我堅持穿上塑膠圍裙，脖子上再外加一條毛巾。

每天早上，我都會被定期來河岸的廚師調侃：「妳看起來好像在河岸工作了十幾年了呢。」看來我的模樣已經是十足的河岸歐巴桑了。

穿成這副模樣的我究竟在打什麼主意呢？

沒錯！我就是想殺魚。

我萬萬沒想到，在河岸殺魚竟成了我的夢想。不論是鮮魚還是活魚，天天都有一堆魚在排隊等著「濱長」殺。

「以前要是有客人請我們幫忙殺魚，我都會跟他說右邊出口慢走不送，根本理都懶得理他。可是現在這種景氣啊，已經不能再講那種話啦。」

大老闆發著牢騷地說。像是要去骨切片啦，或是把小魚的魚鱗跟內臟清乾淨啦，每天早上都有一大堆這種要求。客人要求的理由不外乎是人手不足，善後處裡很麻煩，或是廚房裡沒有殺魚的空間等等。但為了要拿到更多的訂單，店家才無法拒絕客人的要求。

而殺魚的負責人，就是鮮魚部門的大老闆和掌櫃的茂木先生。

「那個……今天我帶了這個東西來。」

就在習慣了塑膠圍裙跟長靴打扮的某一天，我拿出帶來的去骨菜刀，戰戰兢兢地遞給了大老闆。這段日子以來，不論是幫忙打掃還是搬東西，大老闆似乎都有仔細把我忙進忙出的身影看在眼裡。但是一見到菜刀，他突然露出了嚴肅的表情。

「妳啊，殺得了魚嗎？」

「殺不了。所以我想站在一旁邊幫忙邊學習……」

「要是切到手，就算妳哭出來也沒人會理你喔。」

「濱長」的菜刀達人，一旁的茂木先生也拉下了臉。

這女人明明只分得出竹筴魚跟沙丁魚，現在到底在開什麼玩笑啊？妳還是快點收拾收拾滾回家吧。這些話似乎全寫在他的臉上。

但是，我可不能就此退縮。

「只是切到手而已，沒什麼大不了的。」

「就算被送上救護車，我們也不會去照顧妳喔。」

一問一答之間，等著被切成三片的鯛魚已經在大老闆手邊堆成一座小山，看樣子似乎是很急的訂單。

「算啦，都是妳在那裡說什麼玩笑話，害我積了這麼多鯛魚要處理。真拿妳沒辦法。妳就過來幫忙除魚鱗吧。」

大老闆把魚鱗刮刀遞給了我，看來我暫時還無法使用菜刀。我拿起魚鱗刮刀，默默地在心裡鬆了一口氣。刮個魚鱗而已，這我總該做得來吧！

不過這件工作卻是意外地難纏。重達兩公斤的鯛魚根本不是竹筴魚那種小魚可以比擬的。我明明知道只要抓好鯛魚頭尾，再用刮刀除掉魚鱗就可以了，但是最關鍵的鯛魚大人卻重得一動也不動，我怎樣也抓不到搬動牠的訣竅。到最後實在是束手無策，我只好在橫躺的鯛魚周圍挪動身體，一邊開始動起手上的刮刀，心情彷彿就像是在照顧任性少爺的婆婆一樣。

好不容易刮好了一條後，我把鯛魚遞給已經在一旁等得不耐煩，拿著去骨菜刀的大老闆。結果卻惹來一陣謾罵：

「喂！妳自己摸摸看。我是指背鰭下面還有肚子的地方！這裡還有這麼多魚鱗沒刮乾淨。這樣菜刀根本切不下去啊。」

到了事後我才曉得，要是那幾個部位的魚鱗沒刮乾淨，殺魚時就會有魚鱗卡在菜刀上，確實會讓殺魚的人火冒三丈。想當然地，也會發生吃到魚鱗這種荒唐事。

因為我刮魚鱗的時候，注意力總是集中在中間的區塊。原來如此啊，小地方也必須要好好注意才行啊。為了扳回一城，我又繼續向下一條鯛魚挑戰。但這一次在刮背鰭附近的魚鱗時，魚鰭骨頭用力刺進了我的手指，接著連手心也遭殃。原來魚鰭的骨頭竟然是這麼銳利的東西啊。刮到最後，第二條鯛魚的身上滿是我的血跡。看吧，我早就跟妳說過了吧！如果被大老闆看到，他一定會這樣對我說吧。所以在交給大老闆之前，我先用海水把鯛魚身上的血沖洗乾淨。

負責鮮魚的阿真注意到我的手正在流血。

「用嘴巴吸一下流血的地方就好了。口水可以消毒。」

他默默靠近我的身旁，說完這句話後又匆匆回到工作崗位。

雖然我平常少跟阿真說到話，但他的體貼建議還是讓我暫時忘卻了疼痛。

「大姊，妳身上全是魚鱗耶。」

結束了跟十幾條鯛魚的戰鬥後，身為會計的繪美幫我摘下了黏在髮際跟後頸附近的魚鱗。

之後因為雜誌取材的關係，我休息了兩天沒去河岸。等到我又去店裡報到的時候，只見阿真匆匆地跑了過來，看起來一臉開心的樣子。

「太好了，我還以為妳再也不會來了呢。看妳刮魚鱗刮得這麼辛苦，我還想說妳是不是厭煩了哩！」

「哈哈哈，我才沒那樣想呢。好啦！今天也有鯛魚等著要刮吧。」

我害著臊，逞強地說。

我來河岸報到已經半年多了。而原本在我心中的那份疏離感，感覺已經開始在慢慢消失。

地獄的竹筴魚特訓

河岸有很多個出入口，而我通常都是走靠近一般客人也能逛的場外市場的海幸橋口。在海幸橋附近的大銀杏樹蔭下，有一座名叫波除神社的小神社。神社雖然小歸小，但還是設有主神宮。為了供奉鮮魚們的亡魂，小小的神社境內還設有壽司塚、蝦子塚、鮟鱇塚還有活魚塚等等，是一幅與河岸十分相襯的景象。

我非常喜歡這座波除神社，所以每當工作結束後，我經常會繞到神社來走走。夏天時，站在大銀杏的樹蔭底下乘著涼，吹著河邊的風，汗水很快就會隨風消散；到了晚秋，染成金黃的大銀杏實在是美不勝收。每到歲末年終時，河岸一下子就會變得特別忙碌，不過神社境內的陽光，卻依舊跟著時間緩緩流逝，形成了一個很有意思的對比。當短暫的休息時間結束後，我就會精打細算地投下香油錢。希望和神明結緣就投五圓[11]；如果那天我心情好，希望結下更深厚的緣分就投十五圓。

然後在離開之際，必會映入眼角的這些碑石，讓我想起了那段「地獄特訓」，也害我忍不住露出了苦笑，為什麼我的手就是那麼不會用菜刀呢……

不知不覺，刮魚鱗似乎已經成了我的分內工作。不過，說到那把一時意氣用事買下的去骨菜刀，可是把我給害慘了。因為我在大家的面前，大顯了一番連我自己都傻眼的身手。

「喂，妳殺殺看這條魚。」

開始負責刮魚鱗的第五天左右，大老闆遞給了我一條六線魚。

「咦！殺這條魚嗎？」

這條就隨便妳殺吧！大老闆一說完就拋下傻住的我，轉身開始招呼店門口鬧哄哄的客人。

好啦，是要怎麼殺呢？

我曾經接過許多食譜的案子，殺魚的方法也不知道已經寫過多少遍了，而我現在就在拚命地回想那些曾經寫過的內容。

「喂！妳在幹嘛啊！快點殺啊！太陽都要下山了啦！」

---

11 日語「有緣」與「五圓」發音相似。

大老闆對著緊握菜刀，眼神停在半空中的我怒吼。

總之要先把魚頭剁下來，切完魚頭後，再把魚身剖成三片……

「噫啊——妳是打算拿來做漢堡排嗎！」

跑進店裡的熟客大廚驚叫連連。

砧板上堆滿了被我硬扯亂剁的六線魚肉。

大廚在店門口隨便抓了條六線魚，開始靈巧地動手示範給我看。我試著模仿大廚的動作，但雙手卻怎樣也不肯聽我的使喚。

「不對啦，菜刀要往內切才對！白癡啊妳，唉啊、都切爛了嘛。真是受不了……到底是哪個傢伙把魚給她的啊！」

我那笨拙過頭的動作，讓大廚無言以對地回去了。從遠處站著看熱鬧的人群視線中，傳出了窸窣的笑聲。所謂的無地自容，就是在形容我現在的心情了吧。

接下來的每一天，我都會窩在店內一角殺著兩三條練習用的小魚。可是我不管怎麼殺，卻永遠還是在原地踏步。身為新進員工的若狹站在一旁，開始流利地殺起竹筴魚給我看。

「真是厲害。」

聽到我發出一大口嘆息，若狹若無其事地說：

「沒有啦，其實只要知道魚的身體構造就簡單多了，就只是沿著骨頭切進去而已。」

看著一位才剛高中畢業，就算說是我兒子也不奇怪的年輕人輕鬆殺著魚，真的讓我覺得自己好丟臉。

順便一提，對河岸的男人來說，會殺魚當然是一件天經地義的事，工作結束後閒晃河岸一圈，經常就能在收拾好的店面裡看見正在俐落殺魚的男子身影。

「等我回家以後啊，一定要拿這魚配兩杯小酒。」

他們總是會對我這麼說。

「濱長」的已婚組也經常這麼說：

「我家老婆啊，每次都老愛把魚拿給我殺呢。」

所以就算女人不會殺魚，也不是什麼大不了的事。不過事到如今，這種話說再多也是無濟於事，因為我已經下了宣言，不管怎樣我就是想殺魚。

話雖如此，但我的手真的是已經笨拙到無可救藥的地步了，不知道是不是大老闆已經對我失去了耐性，他的指導方式開始變得越來越激烈。

時間是二月。那是某個清閒卻又寒冷的一天，大老闆突然碰地一聲，把保麗龍箱擱在我的面前：

「好啦，這些妳殺殺看。」

保麗龍箱裡塞了滿滿的小竹筴魚。大概有八十條……不對、應該有更多條才對。

「咦？這些？我一個人嗎？」

「是啊。」

「可是最後一定也只是白白浪費掉這些魚而已啊。」

「妳在說什麼鬼話！我年輕的時候啊，只要工作一結束，我們老闆就會拿一堆魚來要我們殺，自己卻跑出去喝酒逍遙。就算肚子餓了還是怎樣，不管要殺到多晚，我們都還是得乖乖地殺啊。」

「可是就算殺到晚上我可能也殺不完啊。」

「沒差啦、妳就好好加油吧。」

看著手足無措的我，大老闆氣得脹紅了臉：

「我說妳啊，要是沒有殺魚殺到想踩爛牠們的程度，一輩子都不可能殺得好啦！妳到底懂不懂啊！」

大老闆的話就是聖旨。我已經沒辦法再繼續違抗他的指示。

大老闆親自示範了殺魚的方法給我看：第一個步驟，就是要先清除竹筴魚尾巴附近的鱗片。

「不能把紅肉給切出來，一定要留一點皮在上面喔。」

魚頭要斜斜地切下來，然後輕輕按著肚子，用刀鋒拉出內臟。再來從魚鰓的部位入刀，沿著骨頭切至尾巴。接著將竹筴魚翻過來，取下另一面的魚骨。最後用菜刀剔除肚子附近的小魚刺後，竹筴魚就會變成平常拿來炸魚片的模樣。而這也是壽司店師傅殺小竹筴魚的基本方法，實在是一個既高明又有序的處理手法。

「妳看，這也沒什麼吧。就算妳殺到晚上我們也不介意。來！妳就盡量殺吧！要殺到想踩爛牠們為止喔。」

大老闆說完後，便一邊用鼻子哼著歌一邊往店門口走去。

呼嘯的北風吹了進來，我想我一定是太過亢奮，才會不聽使喚地打起哆嗦吧。不管怎樣，我捲起了袖子。

殺竹筴魚的方法雖然看似簡單，但不管我怎麼切，菜刀還是無法如我所願地移動。再加上二月冷冽的天氣，雙手僵到動彈不得，本來切得下去的菜刀也變得切不下去了。

我使勁力氣勉強硬切下去，卻只切下不該切的地方。

「我跟妳說啊，只要把菜刀貼在骨頭上方，然後再沿著骨頭滑過去就好了啊。」

我照著大老闆的話將菜刀滑了過去，最後切到的卻是我的手指。

「什麼啊？切到手了嗎？那也沒辦法啊，總要切到個一根、兩根指頭才學得會嘛。」

現在是怎樣啊？之前不是還很擔心我會不會切到手指嗎？現在卻說什麼要切到手指才學得會，這會不會太過分了一點啊？但就在我忿忿不平地在心裡抱怨的時候，大老闆的嚴厲話語又往我頭上灑了下來。

「話說回來，應該是妳自己有問題吧！照我說的做一定準沒錯的。妳不能按照妳的個性來做啦。真是受不了，一定都是妳的關係啦。」

過於寒冷的天氣讓我的鼻水不聽使喚，眼淚也不禁奪眶而出。唉，這世界上一定沒有人比我還要更率直了吧！

「搞什麼啊？哭囉？」

「我才沒哭！我只是很冷而已！」

我忍不住提高了音量。

「冷什麼冷啊！那是因為妳沒拿出幹勁來！幹勁！給我好好拿出幹勁來！」

當大家差不多做好善後工作後，我的特訓也總算是勉強結束了。

在回家的路上，我還大手筆地在波除神社投下五百圓的香油錢，但是這點小錢，似乎無法讓我和神明心靈相通，如惡夢般的地獄特訓又再次重演了兩遍。我甚至還買了堆積如山的竹筴魚回家自己練習，只要一有時間，我就會看著買來的殺魚教學書，憑空做著想像練習。在前往河岸的電車裡，我也會反覆讀著那本教學書，準備迎接特訓到來。當時自由作家的工作完全被我晾在一旁，殺魚才是我那時候的人生目標。

來河岸報到一年多後，我已經漸漸可以幫忙殺魚了，就連對面的店家和上門採買的壽司店老闆也都開起我玩笑來：

「大姊，妳會用菜刀了嘛。我就說嘛，有志者事竟成啊。」

原來我奮戰苦鬥的身影，大家都有好好看在眼裡啊。看著已經一把年紀的歐巴桑吸著鼻涕，駝著背拚命殺魚的身影。一想到這，就讓我羞得好想馬上找個地洞鑽進去。但是大家言語間的溫暖，又立刻讓我害羞的心情煙消雲散。

這麼說起來，在我忙著跟魚苦戰惡鬥的時候，常常有很多人會一聲不響地靠過來，偷偷地在我耳邊說著悄悄話：

「菜刀再放平一點比較好切喔。」

「菜刀看起來好像有點鈍鈍的，妳先把菜刀拿去磨一磨吧。」

從零開始教我殺鰹魚[11]的，是新宿「喜多川壽司」的老闆；而淺草壽司店的雷門老闆，則教了我挑除鱸魚[12]腹部魚刺的方法。明明大家都是在百忙之中抽空來河岸採買，卻還是願意握起菜刀實際演練一遍給我看，我想除了「幸運兒」之外，應該沒有其他詞彙能形容現在的我了。

在外人的眼中，河岸就是粗里粗氣的男人世界——以前的我也曾經這麼認為過。但不論是在河岸工作還是上門採購的人，每個人都擁有細膩的心思。就連大老闆在特訓期間對我的凶狠，也都隱藏了他的溫柔與關懷。就算我那麼不中用到了極點，大家也從來沒用輕蔑的眼光看待過我，頂多也只是露出難以置信的眼神而已。大概是我殺魚的模樣看起來很有趣吧？雖然我無法忍受同情的目光，但如果只是覺得我很好玩，我倒是可以欣然接受。透過殺魚這件事，讓我體會到了河岸人的溫柔體貼。

示範殺六線魚給我看的廚師對我開起玩笑：

「唉呦，看來妳已經比貓咪還要有用了嘛。」

……？

「雖然貓只懂得吃魚，但是河岸一忙起來啊，可是連貓的手都想借來用呢。所以我的意思是說，現在的妳好像也稍微派得上一點用場了唷！」

原來是這樣，看來我得要好好珍惜這個「貓幫手」的位置才行呢。我忍不住一邊笑一邊在心底低喃。

殺魚這件事變得開心又有趣。河岸老鳥光用眼睛看就能曉得魚的鮮度，甚至連產地也能知道得一清二楚。不過，我的眼睛可沒厲害到那種程度，我得要先摸摸魚，剖開牠的肚子之後，才能真正看清這條魚的底細。到了十月，當六線魚的身上出現奇妙的紅色花紋時，就表示牠們正式進入了產卵期；二月時節，肥滿到會從手中滑走的黃雞魚，絕對是人工養殖的；秋末時，身懷大量魚卵的鱸魚為了繁衍子孫，會將營養全保留給魚卵。因此牠的身體會隨著時間逐漸喪失透明感，魚肉也會變得瘦弱貧瘠。這種被稱為「白太」的鱸魚，到了最後只會淪落到被丟棄，偉大卻又感傷的下場。這些每一段關於鮮魚的小故事，都被我牢牢記在心底。

當我在河岸忙進忙出的這段時間，我竟然就快要跨過五十歲大關。因為慢性睡眠不足，讓我的白頭髮跟皺紋也都明顯增加了。最近我和一位在出版社工作，年紀也相仿的友人開始熱烈聊起人生的無常——

「我本來應該是要和實業家或外交官結婚，然後走訪世界各地充實自己的女人才對

---

12 鰹魚，日名 ka-tsu-o，拉丁學名 Katsuwonus pelamis，中名為正鰹，臺灣俗名有倒骨、烟仔、炸彈魚等。臺灣主產不是本種，而是其他近似種。離水一天的魚先放血，可做生魚片，極美味，但易迅速退鮮而不堪食用。脂肪含量較少的廉價魚則會做成柴魚。

13 鱸魚，日名 su-zu-ki，拉丁學名 Lateolabrax japonicus，中名為花鱸、日本真鱸等，與臺灣產的七星鱸同屬。

啊。」

她一邊嘆著氣，一邊這麼說。當我去辦公室探訪這位友人時，只見她正一邊啃著飯糰，一邊露出凶神惡煞般的表情盯著電腦螢幕，確認寫滿了豪華料理的原稿內容。到了下午四點，她才好不容易可以開始午休。

我以前曾經下過決心，在我五十歲的時候要養成茶道的嗜好，成為一位適合結城或大島和服的女性。然而，現在的我卻脖子掛著毛巾，腳穿塑膠長靴，過著滿身魚鱗的每一天。

我們互相調侃著彼此的近況，說著重複了好幾次的老笑話。結果到最後，我們都覺得現在的生活，才是最有意思，最適合自己的人生。

總之無論如何，從我初次踏入河岸開始算起，已經過了四年的歲月了。

第二章

魚河岸的四季

初春的首場拍賣會

一月五號，海幸橋橋頭和波除神社的鳥居旁，都裝飾了松與竹的新年擺飾，神社境內也擺出了消災解厄的大茅輪。就連經年累月受盡風霜的神社，也被打理成喜氣洋洋的新年打扮，看起來就像在拚命地向大家強調今天的特別。神社對面有一家專賣配飾用蔬菜的商店門前，一位頭上纏了毛巾的青年正在試穿閃亮亮的長靴。只見他在快要溢出來的蠶豆山前走了兩、三步後又向後迴轉，看來他的長靴今天是第一次亮相。

今天是河岸的首場拍賣會，是河岸在新年度裡看貨競標的第一天。

拍賣場的競標在六點前就會結束，魚貨也會開始跟著中盤商大舉移動。載滿魚貨的圓盤車[14]從拍賣場魚貫流出，朝九百間以上的批發商店前進。圓盤車是一種河岸特有，具有動力引擎的搬運車，不過急性子的河岸人都簡稱它為「圓盤」，只要車陣中有一輛圓盤停下來準備卸貨，都會在狹小的市場內引起一陣騷動。

「嘖！搞什麼東西啊！不要在這種莫名其妙的地方停車啦！」

「囉嗦！你是不會走別條路喔！」

「喂！大叔！肚子縮進去一點啦！這樣哪過得了啊！」

通道上出現長長的圓盤車龍造成阻塞，明明前面的車只要稍微讓一點路，後頭的圓盤就都能夠順利開過去，但是忙著卸貨的店家才沒閒工夫考慮那麼多。儘管後面不斷傳來不滿的怒吼——「先停先贏啦！」停下來的店家一邊卸貨一邊在嘴裡嘟囔著。

一如往常的早晨又再次開始了。

不過，今天的圓盤看起來比平常華麗許多——雖然後面一樣載著快掉出車外的保麗龍箱，但每臺圓盤的駕駛臺上都插著「大都」或「中央魚類」等，大盤商（經銷商）送來祝賀初荷[15]的小旗子。雖說是旗子，其實只是在一張有日出或松竹梅圖案的長紙印上「初荷」二字，然後黏在小竹子上而已。不過只要圓盤一發動，小旗子就會開始隨風飄揚，在燈光昏暗的場內市場裡十分引人注目。又到了初荷的時候啦！大家今年也要打起精神做生意喔！小旗子就像在鼓舞著商家的士氣似地，看起來十分有意思。

---

14 Turret Truck，常見於日本大型批發市場、工廠、倉庫、車站等的搬運用車輛。由於其圓筒狀的動力部分為可迴轉的構造（Turret）因而得名。

15 中盤商開春第一次進貨。

圓盤車…駕駛人需備有小型特殊駕照

每年河岸的首場拍賣會都會在電視上同步轉播，今年的記者陣仗也一如往年擠在拍賣場內。其中最引人矚目的焦點，當然非鮪魚莫屬了。不過在去年，拍賣場內出現了一條不得了的大新聞——一公斤兩萬圓起標的青森大間黑鮪魚，價格竟在轉眼之間迅速往上攀升，最後以一公斤十萬圓結標。

大間位於下北半島前端，是一座以黑鮪魚打響名號的漁港。自古以來，來自緊臨大間的津輕海峽，通稱「大間鮪魚」的冬季黑鮪魚，就是鮪魚王的代名詞。但一公斤十萬圓的價格，還真是創下了大間黑鮪魚的新紀錄。這樣算下來，一條約兩百公斤重的黑鮪魚就要價兩千萬圓呢！雖然中盤商為了討個好彩頭，每年首場拍賣會都會相繼出現不得了的結標價，但這種破天荒的價格倒還是有史以來頭一遭。記得前一年也有兩條從大間來的黑鮪魚，當時的結標價大約是一公斤兩萬圓上下。這樣一比，一公斤十萬圓的價格真的是貴得不得了啊！

這種頭條新聞在河岸總是傳得特別快，就像把一顆小石子往池塘裡丟……不對不對，應該是像海嘯一樣，在一瞬間席捲了全河岸——

「聽說沒？兩千萬耶！」

「就是說啊，我當時人可是在現場呢！」

「一定有人在搶標吧？」

「是啊，最後變成兩家在較勁。不過啊，主持人的表情倒是臭得很呢。」

「怎麼回事啊？」

「飆破五萬的時候啊，他突然露出了一副受不了的表情。我絕對沒看錯！」

「那是一定的吧！飆到那種天價，他一定很擔心對方付不付得出來吧。」

「那當然啊！要是被跑票不就糗了！」

「如果一貫壽司用二十到二十五公克左右的鮪魚肉……喂喂！這樣一貫最少就要兩千圓耶！」

「那是在河岸的價格吧，到了下游可就不只這個價啦！」

「啊！說的也對喔。」

「你白癡啊！做生意做幾年了啊！竟然連錢都不會算！」

「不過那到底是要賣給誰吃的啊？還真的有人吃得起啊。」

若是遠方傳來的美事佳話，不免俗地都會被大家拿來代替新年道賀的吉祥話，當作閒聊的開場白；但如果故事是來自隔幾間距離的同業，大家心裡難免會有些坐立難安。畢竟近幾年的河岸都跟外面世界一樣，不景氣大明神文風不動地坐鎮在此。

算啦、反正那也只是在工作空檔時閒聊的話題而已。不過，這一天雖然已經正式開工，河岸卻還是沉浸在新年假期的氣息裡，到處都瀰漫著慵懶的氣氛。擺在店門口，用來當作鎮店吉祥物的大鯛魚披著碎冰外褂，光彩奪目地吸引路人的目光。但話雖如此，買賣卻是一樁都還沒有達成。「恭喜發財啊！」隨著吉祥話上門光顧的客人之中，有不少人是一身西裝筆挺，只有腳上穿著充滿河岸風情的長靴，這些人幾乎都是公司行號或是超級市場的部長。熟客們這時候也開始一個接著一個現身，但大家幾乎都沒買什麼東西，只顧著跟店員閒聊歲末年初的生意。

我想這一天，大概只有大老闆是在摩拳擦掌地等著做生意吧——

「唉呀，終於等到開市啦！真是鬆了我一口氣啊！放假放到五號會不會太久了一點啊，躺在家裡吃年糕又不能賣魚。幸好新年終於過完啦！真是太好啦！」

不管是誰他都會像這樣上前寒暄攀談。當然對方十之八九都會回答：「您還真是熱愛工作啊。」這時候大老闆就會秀出他的口頭禪：「反正等到掛掉之後，愛睡多久就能睡多久嘛。」這樣聽來，也不難理解大老闆放完長假後的輕鬆心情了。

然而，就算大老闆火力全開，最關鍵的鮮魚卻沒辦法搬上檯面見客——用來裝門面的大鯛魚勉強還算稱頭，但是藏在鯛魚後頭，每條都小不隆咚的目鯛和顏色黯淡的竹麥魚……根本吸引不了客人的目光。就算我們向產地催魚，甚至還打電話到各地漁港關切，「大家都在忙著開祭典啊，哪有空捕什麼魚啊。」往往都是得到這種冷淡的回應。

「算啦，既然那麼愛辦什麼鬼祭典，就讓他們辦個夠吧！真是受不了！」

看來從大老闆的太陽穴到耳際間的通紅，並非是寒冷的天氣在作祟，而是不滿沒魚好賣的最佳證明。

大老闆掛下電話後轉身環顧店內，要是有人手上拿著果汁罐出現在他視線裡，「喂！放假的時候還沒喝夠本嗎？你要喝就滾回家喝個夠！」或是看到我搬不太動箱子的時候，「搞什麼啊！要是想睡覺的話就給我滾回被窩裡睡！」唉，總而言之又是一陣謾罵，觸目所及全是他發脾氣的對象。一切就跟往常一樣，大老闆得要靠這些動作，才能發洩他不滿的情緒。看來今年也要在大老闆的叫罵聲，還有亂發脾氣的怒吼ＢＧＭ中度過了吧！

作家岡本綺堂於明治五年（一八七二）出生，著有《半七捕物帳》等書。當我讀了他描寫江戶魚河岸風光的隨筆——《魚河岸的一年》後才發現，原來以前的初荷日期，其實是在一月二號。

從元旦午夜子時，也就是深夜十二點左右起，中盤商們就會開始進行開店的準備。章魚、鯛魚、鮪魚還有鮑魚等等，每家店都紛紛將裝滿鮮魚的桶子堆疊在一起。印著自家店徽的燈籠高高掛起，陳列鮮魚的門板周圍，也擺上了印有店徽的紙罩燭臺。在彷彿照亮了河岸夜空的燈火下，店主們忙著四處跟同業道賀拜年，看準紅包的角兵衛獅子[16]和萬歲歌舞團[17]等街頭藝人們，也開始動身載歌載舞了起來，徹夜不停的歌舞樂曲讓河岸圍繞在喧鬧歡騰之中。當東方的天空魚肚逐漸翻白時，便輪到採買魚貨的客人將河岸擠得水洩不通。像是用來代替新年的開工紅包似地，家家生意都好得不得了，魚河岸彷彿就像起了火災，或是有人打架鬧事一樣熱鬧非凡。

跟那時候比起來，現在的初荷感覺還真是沒什麼意思——要是我有能力的話，我真想推視賣魚為人生價值的大老闆一把，讓他穿梭時空到江戶時代的魚河岸去。結果今天一整天，就在無所事事中結束了。

在江戶時代，新年假期只有一月一號那一天而已。忙碌了一整年，卻只有這麼一天可以放假，以前的人還真是勤快得令人難以置信啊。不過一月三號的時候，處處都還是瀰漫著新年氣息，聽說只要一到了午後，就會有一群十八、九歲的大哥哥們帶頭起鬨，外加幾個老大不小的大朋友一起開心地跑去放風箏。在描繪了江戶魚河岸的浮世繪裡就能發現，從日本橋可以很清楚地看見富士山的山腳，想必適合放風箏的場地一定多到數

16 角兵衛獅子：小孩頭戴獅子面具，隨著太鼓聲跳舞，為一種街頭賣藝表演。
17 萬歲歌舞團：新年時載歌載舞的街頭藝人。

也數不清吧？雖說是放風箏，其實他們放的都是巨型風箏和鬥風箏。這些放風箏的畫面，想必一定很適合年輕俊俏的河岸青年們。我想大家工作再怎麼忙，偶爾也還是會想再重溫一下兒時回憶才是。

難不成現在的初荷一點情趣也沒有嗎……？才沒那回事呢，你仔細瞧瞧，現在的初荷還是保留了一點點江戶風俗，例如像是以發手帕來代替發紅包的習俗。不過，現在都已經改為發毛巾就是了。

正因為河岸是作與水為伍的生意，所以比起手帕，毛巾更是必備用品之一。當然客人在「濱長」結完帳後，我們也會一邊說：「今年也請您多多關照。」一邊把白色毛巾遞給客人。

在過去的江戶河岸裡，同樣也有這樣的習俗——在先前所提到的，岡本綺堂的隨筆中也這麼寫道：跟大量批發商有來往的料理店老闆們，會把收到的數十條手帕塞在胸前，走在河岸裡人潮洶湧的地方。而那也是初荷當天最風光的打扮。

這天工作結束後，我到了場內市場的菜刀店買了把魚鱗刮刀，之後又到餐廳吃了午餐。兩家店也都是一邊對我說：「大姊，今年也多多指教啦！」一邊遞上包裝成新年賀禮的毛巾。

我的包包裡面塞了兩條毛巾，雖然這數量根本無法拿出來向人炫耀，但我想再過不久，這兩條毛巾大概很快就會沾滿魚腥味，掛在我的脖子上了吧？好啦，新的一年又要開始啦！

春色爛漫的二月河岸

二月立春時，河岸早已春色盪漾。二月明明是東京最冷的時期，築地魚河岸卻處處是爛漫的春天氣息。

但話雖如此，這指的可不是河岸受到陽光眷顧之意，更何況河岸還是東京數一數二寒冷的工作場所。東京都的石原慎太郎知事甚至曾在都議會上表示河岸是「窄小髒亂的危險場所」。我第一次踏進河岸時，心裡的確也有相同的感受。但是自從我在這裡工作後，我的想法卻改變了——管他窄小還是髒亂，總之快點先想辦法解決這股寒冷啦！在現在這個時代裡，還有什麼店是在這麼冷的地方開店做生意的嗎？

「哇喔，這風吹得還真是不錯啊。」

大老闆帶著自暴自棄的語氣拉起嗓門。

明明店就開在這棟從頭走到尾要花五分鐘的巨大建築物裡，刺骨的寒風卻還是不斷從四面八方吹進來。當然，這裡也沒有附空調。而且店家營業時，水龍頭都是放著不關，所以這裡的水泥地板隨時都泡在水中。另外為了保持魚的鮮度，隨處都可見一座座的冰塊小山，店員們也總是「嘿咻」一聲，一股腦地把冰塊猛往鮮魚平臺上倒，四處散發出冷冽的空氣。似乎就連大老闆，也想靠著大嗓門來忘卻寒冷的樣子。

「總覺得啊，天氣預報只有在這種時候才會準得不得了呢！」

早上快七點時，壽司店的雷門老闆便像往常一樣提著竹籃子出現。他的腳上套著塑膠長靴，身穿厚重的工作服，脖子上繞了好幾圈的圍巾還埋住了半邊臉。

「那麼我今天就買些星鰻……還有一些針魚好了。」

我看著雷門老闆環視賣場鮮魚的背影，發現他的背上，似乎黏著一點一點白色的東西……哎呀呀，看來外面已經開始飄雪了。

我把魚放在砧板上，準備開始處理訂單的鮮魚。但是從拍賣場運來的魚被冰得硬梆梆，根本和冰塊沒什麼兩樣。我只好把魚放進注了海水的箱子裡頭，等著牠自己解凍。

順便一提，在河岸有兩種供水管線，一種是跟一般家庭一樣的普通自來水；另一種則是從東京灣打上來，通過淨化槽過濾的海水。店家營業時，供應海水的水龍頭通常都是放著不關。除了拿來清洗魚之外，店家也會使用海水沖洗其他地方，使用量非常地大。雖然比起普通自來水，用海水清洗魚是最佳的選擇，但大量使用海水的原因並非只是如此而已。海水跟來自來水處的一般自來水不同，跟使用量沒有關係，而是以裝設的水龍頭數量來計費。既然如此，那倒不如全都用海水還比較划算。

海水的溫度比一般自來水還要來得高些，所以把魚泡進海水裡，多少可以減弱魚的冰冷。但話雖如此，殺了幾條魚下來，寒冷還是漸漸侵襲我的雙手，肩膀也冷到動彈不得，讓沒毅力的我凍到頭皮都發麻了。再這樣下去，我的手根本沒辦法好好握住菜刀。

「呼──溫泉、溫泉！」最後我決定先丟下了手邊的菜刀。

所謂的「溫泉」，指的就是把熱水裝到保麗龍箱子裡頭，然後再把手放進裡面取暖而已。不過因為會泡進箱子裡的都是處理鮮魚的手，所以只要一打開蓋子，魚腥味立刻就會撲鼻而來。往箱底裡瞧，還能看得到魚鱗沉在底下。但即便如此，「真是天堂啊！天堂。」我還是忍不住脫口說出這樣的話。

「我今天帶了八個暖暖包在身上喔！圍在腰上的有六個，膝蓋有兩個。」

剝貝殼的大姊苦笑著說。因為收到壽司店的訂單，大姊現在正在剝著赤貝和文蛤。

「可是啊，腳下的冰冷可就一點法子也沒有了唄。」

我低頭看向腳邊，發現大姊為了抵擋冰冷的泡水地板，將腳踩在保麗龍箱的蓋子上。

「不過這樣還是不夠唄。這可是防寒的長靴耶，明明鞋底就墊著毛毛的東西，卻還是冷得要命唄。」

不時露出浦安口音，一邊叼著菸一邊用沙啞聲音說話的大姊，剝著貝殼的手依舊沒有停下。從早上六點到十點左右，大姊就像這樣一直站著不停剝著貝殼。

而就在不遠處，有那些鯛魚啦、比目魚啦、還有白鮒[18]在悠游的活魚水槽前，正上演著光用眼睛看，就讓人直打哆嗦的場景。

對顧客來說，當然要親眼確認鮮魚品質後，才能決定是否要購買。所以為了滿足客人的需求，店員必須要不下數次地把整隻手腕泡在水槽裡，將魚捧在手上給客人作鑑定。最後好不容易談好了生意，正想鬆一口氣的時候，唉呀呀，不可思議的事就發生了——你看，那些魚彷彿知道自己的死期已到，開始在水槽裡掙扎暴動，不斷濺起巨大的水花，害店員被潑得像落湯雞一樣。因此防水外套跟綁在頭上的毛巾，也是這裡的必備裝備——在活魚賣場工作，簡直就像站在船邊跟大浪搏鬥一樣。

雖然得意洋洋的冷氣團大人死賴在這裡不肯走，陳列在賣場的鮮魚卻早已春風洋溢了。在江戶時代時，一提到代表春天的魚，一定就是出現在歌舞伎名劇——「三人吉三廓初買」的名臺詞裡——「朦朧月色，銀魚漁火如春天晚霞」中的銀魚了。不過還不到春天，這些銀魚早在歲末時節就登場了。這時捕到的銀魚大部分都來自青森，跟二月進來的常磐產和厚岸產相比，品質稍微略遜了一籌。尤其是厚岸產的銀魚，都是用鑷子一條條仔細頭尾排列整齊，光看起來就十分美麗。不過畢竟從年初就看得到牠的蹤影，好像就連銀魚的臉上也寫著：「現在的春天也來得太慢了吧！」

銀魚的模樣細長透明，很適合和蛋花一起料理。我以前曾去過以紹興酒聞名的中國紹興，當時也經常品嘗到銀魚蛋花湯；連在熟客開的義大利餐廳裡，主廚似乎也會用加了帕馬起士的蛋花，跟銀魚一起做成湯品。在義大利被叫作「魚寶寶」的銀魚淋上蛋花，聽說在當地是相當流行的料理。雖然烹煮後會變成純白的銀魚和宛如油菜花般黃澄的蛋花，在各地的烹調方式上略有差異，但我覺得面對這些美味的食材，各國基本的料理手法都是共通的。

在這個時期裡，類似銀魚這種小魚特別地多，像是一種長得像銀魚，叫做柳葉鰻的星鰻幼魚，我是在來到河岸後才第一次見識到。還有，素魚也是。

18 白魽（音同憨），日名 shi-ma-a-zi，拉丁學名 Longirostrum delicatissimus。中名為縱帶鰺、黃帶擬鰺等。臺灣俗稱白魽、豬哥魽。臺灣東北海域初冬捕獲，量極少。

銀魚跟素魚[19]的名字雖然看起來差不了多少，但是銀魚是銀魚科，素魚則是屬蝦虎魚科。不過在我的眼裡，兩個看起來幾乎是一模一樣。我想牠們最大的差別，大概就是食用方法了吧？素魚最具代表性的享用方法，就是趁牠還活蹦亂跳的時候直接生吞下肚。來自佐賀縣唐津玉島川的素魚，今天也陳列在賣場裡。素魚在裝滿了水，腫得像顆氣球般的塑膠袋裡自在悠游，彷彿就像是聚集在春天小溪裡的大肚魚一樣。記得以前我總會在長滿筆頭菜和紫雲英的河岸邊，不厭其煩地眺望著大肚魚群的身影……

不過話說回來，繃緊身體抵抗寒冷的我，竟然還能從素魚聯想到春天的小溪，我的想像力也實在太不可思議了。

負責近海魚的阿真正站在一旁，忙著和壽司店「喜八」的老闆討價還價。

「好啦，你就幫幫忙嘛，算你一千就好。」

河岸都是以公斤為交易單位，一公斤一千圓的話，那條不算大的鰹魚大概三千圓左右吧！

「這是宮崎產的吧？我上禮拜就買過了啊，根本就沒什麼脂肪嘛。」

「這跟一個禮拜前的貨可是完全不一樣喔！那我算你九百好啦。」

「八百！」

兩人一邊在對這條等不及冬去春來，就急著登場的夏季鮮魚討價還價，一邊不斷地跺著腳，搖晃著上半身，還不停來回地搓揉雙手。這副拚命在克服寒冷的模樣，讓活力十足的河岸男子漢也看起來有些狼狽。

其他還有像是飛魚、黃雞魚、六線魚、鯖魚和蠑螺等等，這些產季明明就在夏天，卻急著橫越春天的鮮魚都在河岸齊聚一堂。這樣的景象跟人類體感溫度的關係究竟該如何解釋才好，我到現在還是找不出答案。

帶來夏日風情的四月冰

「早呀大姊！今天的鱸魚怎麼樣啊？應該還不錯吧？」

「是啊，魚背上都已經很有肉了，而且菜刀一切下去，魚肉還會立刻貼在刀身上，看來脂肪已經很飽滿了呢！」

「哈哈哈，現在的大姊看起來還挺有架勢的嘛。」

19 素魚，發音為 shi-ro-u-oi，拉丁學名 Leucopsarion petersii Hilgendorf，中文名為彼氏冰蝦虎魚，和銀魚（日本稱之為白魚，發音為 shi-ra-u-o），在外形和日文名稱上均非常相似。

手上經營了好幾家壽司店的店老闆，留下爽快的笑聲離去。

到了四月下旬。就連我也能一眼看出今天的鱸魚鮮美飽滿，跟寒冬時身懷魚卵，瘦弱貧瘠的模樣截然不同。再等一段時間，常磐產的鱸魚就會登場，鱸魚真正好吃的時期也即將到來。雖然河岸也有來自三浦半島和相模灣等地的鱸魚，但是常磐產的肉質特別肥美紮實，脂肪含量也剛剛好，是河岸最熱門的商品。不過牠的價格，當然也是相對地高貴……

用於平價午餐的黃雞魚和六線魚，這時候的銷路也相當不錯，還有「入梅沙丁魚」之稱的沙丁魚，產季也是近在眼前；山女鱒和岩鱒等淡水魚陸續登場，蛤蜊也鼓起肥嫩飽滿的身體，趕在梅雨季來臨前進入盛產期。

河岸已經在轉眼之間充滿夏日的氣息，老闆的大嗓門響徹在準備打烊的店裡，大聲到像是要把這個消息報告給全世界聽一樣。

「喂——誰快去買點冰塊回來。」

鮮魚組裡負責跑腿買冰塊的人，當然是我這個資歷最淺的見習生。於是我把專門用來運送活魚，堅固耐用的塑膠箱往手推車上堆好後，便往冰塊販賣所跑去。哎呀，我差點忘記還得要帶票去了呢！冰塊販賣所為了避免收零找錢的麻煩，都是使用票券來代替現金，一張票換半塊冰塊，以此類推。

販賣冰塊的店家雖然有不少家，但這都是為了隨時滿足大家對冰塊的需求，才會一家家如雨後春筍地冒出來。

今天的天氣晴朗到連長袖襯衫也濕透了，冰塊販賣所前大排長龍，看來不管哪家店的冰塊好像都不夠用的樣子。每個排隊等待的人都一邊靠在手推車上，一邊忙著抽菸串門子，讓骨頭可以暫時小憩片刻。我也有好一陣子沒有像這樣，悠閒地眺望閃閃發光的冰柱了。

冰塊是魚販做生意不可或缺的工具。但在寒冷的時期裡，光是隨著魚貨從產地一起送上來的冰塊，就很夠店家使用了。唔，這麼說好了，那時店家就連被魷魚墨汁弄髒的冰塊也懶得清洗，甚至還會直接拿去丟掉呢！因此在冬天的時候，幾乎沒什麼人會去冰塊販賣所報到。天天都忙得焦頭爛額的店家，其實根本無暇欣賞賣場上的鮮魚，來感受季節時間變換，所以只要有人開始忙著奔波買冰塊，就是夏天來臨的最佳證明。

冰塊販賣所的建築雖然已經老舊不堪，好像只要有一丁點地震發生，就會馬上被震垮一樣。不過其實當時在建造時，都有好好經過一番設計，像是販賣所的地板蓋得比較高，可以讓買賣雙方都能輕鬆搬運沉重的冰塊。

冰塊販賣所的大哥

冰塊店的大哥們個個肩膀健壯厚實，可以用長鉤輕鬆拖住冰塊，讓一整塊重達十五公斤的冰塊在地板上移動滑行；當拖行到地板邊緣後，只要把冰塊往下一丟，就會掉進在下面等候已久的容器裡。至於這裡用來製造碎冰的刨冰機，結構跟刨冰店所使用的機器相同，我們只要把裝冰塊的容器放在碎冰出口乖乖等待，像水晶珠子一樣燦爛的碎冰，就會嘩啦嘩啦地在箱子裡堆成一座小山，最後只需要把推車推回店裡就行了。所以就算是沒什麼力氣的我，也能幫忙跑腿買個二、三十公斤的冰塊。

鮮魚組在打烊時所需的冰塊，都是用在存貨的鮮魚上。所謂的「存貨」，就如同字面上的意思，就是把賣剩的魚存放在店裡，讓牠們在河岸裡留宿一晚。所以我們必須要把魚貨放進塞滿冰塊的保麗龍箱裡，才能讓愛好涼爽的鮮魚們，可以在河岸度過悶熱的夏日。

首先要先用海水清洗隨著魚貨送上來的塑膠袋，接著把冰塊裝進袋裡，鋪在保麗龍箱底下，作為鮮魚們的床墊。然後為了預防溫度過於冰冷，在冰塊床墊上還要再加上一層報紙床單。把鮮魚整齊排進箱裡後，再蓋上兩到三張玻璃紙當作魚的棉被，最後在保麗龍箱內塞滿冰塊，一箱存貨就大功告成了。

全部存貨整理完畢後，就要把箱子堆放在店內角落。但是裝滿冰塊的保麗龍箱可是重得很，作業起來也是相當辛苦。大老闆一邊指揮箱子的堆放順序，一邊大聲怒吼著：「喂！阿真！大哥要放在前面！給我好好記住啊！真是的！每天早上跟阿真來上班，都得要找半天大哥放在哪裡。」

大哥……？沒錯，「大哥」除了能用來稱呼河岸的前輩外，也可以用在某種魚的身上。在人類社會裡，稱呼對方「大哥」一般都含有尊敬的意思，但用在魚身上時卻恰好相反，是代表地位比較低下的魚貨。比方說，前一天店裡有賣不完的存貨，而今天又有新的一批存貨要留下來。當新舊存貨同時出現時，前一天的存貨就會被稱為「大哥」。因為大哥必須要趁早賣出去，所以保麗龍箱必須要放在比較前面的位置。

雖然賣剩的魚貨聽起來不怎麼討喜，但偶爾也是會有需要故意留下存貨的時候，像是擔心颱風影響隔天的漁獲量，或是預防魚貨價格在颱風來臨前水漲船高，就算當天可能賣不完，也會事先故意進比較多的貨。要是真的發生了什麼萬一，店家也能照常出貨給客戶；就算其他店缺貨，自己的店也還是能繼續做生意。而這些突發狀況，也是採購負責人可以大展身手的時候。

那麼接下來，我便一邊聽著大老闆的怒吼聲，一邊看著阿真為了預防隔天早上弄錯，用蠟筆在箱子角落寫上小小的「兄」字。這也是為了不要讓客人查覺到「大哥」的策略。不過在一陣慌亂之下，阿真的「兄」卻寫得像「只」一樣。不過也好，這樣反而絕對不會被客人發現吧。

就算只是小魚，一箱最多也只能塞十條而已，因此存貨的箱子數量相當可觀。最後還要用塑膠墊緊緊包裹住堆起來的箱子，再用堅固的繩子團團固定綁好。好啦！這樣就完工啦！這下鮮魚組終於可以好好鬆一口氣了。

雖然「濱長」也有冰箱，但那是專門拿來保存海膽之類的高級存貨，甚至還用鑰匙牢牢鎖上。不過相較之下，魚貨保存在塞滿冰塊的保麗龍箱裡，效果好像反而還比冰箱來得好。而且就算是炎炎夏日，這棟建築物的內部卻意外地舒適涼爽。因為水泥地板下交織了四通八達的水管線，即使是豔陽高照的夏日午後，只要一進來裡面，身上的汗水一下子就會乾了。

冰塊除了用在保存存貨外，也會塞進外送魚貨的箱子裡，還有大量鋪在陳列鮮魚的賣場平臺上。在微弱的照明下，冰塊在昏暗的河岸裡閃閃發光，排列在冰塊上的鮮魚們，不論何時都看起來美麗耀眼。

夏日時分，在假日前夕這種進貨量多的日子時，冰塊的用量當然也會跟著增加，一天大概會用個一百公斤左右。雖然對魚販來說，冰塊一件是不可或缺的工具，但在沒有冰塊的時代裡，又是怎麼來度過炎炎夏日的呢？

冷藏設備首次出現在日本橋的魚河岸，始自於明治三十六年（一九〇三），一家名叫帝國冷藏的公司，冰塊的製作也差不多是從那個時候開始。雖然在此之前也是有冰塊可以使用，但那些冰塊大都是來自輕井澤等地的天然冰，必須要千里迢迢地用火車運送，經過切割之後才能販賣使用。

只不過這種天然冰塊價格昂貴，根本無法讓店家隨心所欲地使用。當時在日本橋的魚河岸，鮮魚都是保存在一種稱作「納屋」的倉庫裡。保存方法是先在地面挖個洞，再用石頭固定周圍做成一個地窖，接著把鮮魚排列在裡面，上面再鋪上草蓆阻隔外面空氣。雖然靠這樣的設備還能度過冬天，但夏天可就難過了。尤其像是要趁新鮮趕快賣掉的近海魚貨，幾乎都是先裝在魚簍裡吹一整晚夜風後，隔天早上再擺出來做生意；若是像腐壞速度特別快的鰹魚，店家就只能叫學徒來回汲取一整晚的井水，潑灑在魚的身上保鮮。

進入大正時代後，製冰技術逐漸開始進步，這時候已經可以正常使用冰塊來冷藏鮮魚了。但有趣的是，「冰過冰塊的鮮魚會變得難吃」的謠言卻傳遍了大街小巷。據說使用高檔鮮魚的高級料理店，還會硬把冰塊冷藏過的魚貨強制退貨。

總之，不管有多麼辛苦，要是沒有冰塊的幫忙，鮮魚很容易就會在炎熱的天氣裡腐壞。讀了岡本綺堂描寫幕末時期魚河岸的隨筆——《魚河岸的一年》後就會發現，在鮮魚容易腐敗的夏天裡，若同時發生漁獲短缺的情形時，幾乎每家魚店都無法開店做生意。在這種情況下，最洋洋得意的莫過於活魚屋了。當時有不少中盤商在深川、佃島、芝金杉等地擁有活魚水槽，每天早上都會運送魚貨到日本橋的魚河岸。書中也提到當時活魚屋的繁忙盛況，簡直到了令人難以置信的地步。

原來直接運送保存生鮮活魚，還有直接販賣活魚的生意，竟早在江戶時代初期、日本橋魚河岸剛開始運作時就開始了。記得我小的時候，曾經把溪裡抓來的大肚魚裝進水桶帶回家，用金魚缸養了一年左右。說不定這對專業的魚販來說，就是他們發想保鮮方法的第一步。

在江戶時代誕生的日本橋魚河岸，其實是幕府的御用市場——店家雖然擁有免繳稅金的特權，但當幕府有需求時，必須有求必應地上繳魚貨。尤其是喜慶宴席少不了的鯛魚，需求量總是特別地大。為了要能及時應付幕府的要求，一位腦筋動得快的批發商、來自大和國[20]的大和屋助五郎便在駿河、伊勢、伊予、讚岐等海濱準備活鯛船，直接運送活鯛魚到日本橋，大賺活鯛財。在江戶時代後期出版的《日本橋南之平面圖》裡，差

20 約為現今的奈良縣一帶。

不多在現在日本橋郵局的附近，記載了一筆「活鯛屋」的紀錄。這裡就是幕府直營，專門準備御用魚的地方。也是因為裡面設置了鯛魚等生鮮水產用的活魚水槽，才會被稱作為「活鯛屋」。

「濱長」每天早上也會為了客戶，從水槽裡撈起好幾條新鮮活鯛。原來這天天讓我目瞪口呆的場景，竟早在江戶時代開始就存在了。

但是，在不易取得冰塊的時代裡，難免還是會有許多的不便才是——因為無法隨心所欲地保存鮮魚，魚販在炎熱的時期裡也變得清閒許多。據說必須要等到十一月的時候，日本橋魚河岸才會恢復到以往的熱鬧盛況。

「濱長」在夏天時，都會把產地送來的鮮魚，移到裝了冰塊的箱子裡。不過當十一月差不多要進入尾聲時，大老闆就會一聲令下正式結束這項步驟，而我們的工作，也會因此稍微變得輕鬆一些些。

梅雨季的搶手貨，「悔不當春」的新子

紫陽花的花瓣轉為豔紫，東京也正式進入了梅雨季節。

而這段時期，也是新子登場的時候。

「唉啊，不小心給他買下去了啦，看來今天得要戴老花眼鏡殺魚了。」

壽司店的雷門老闆把裝有新子的小塑膠袋放在已經爆滿的竹籃最上方，留下這句玩笑話後轉身離去，總覺得他的背影看起來格外地興奮。

接著上門光臨的新宿「喜多川壽司」，則是站在新子前開始深思：

「昨天最後一位客人可是五點才走啊，我收拾完後就直接過來這裡，一整晚都沒闔眼，這樣要我怎麼處理新子啊！要是小鰭的話，我還能邊打瞌睡邊處理啦，不過新子可就麻煩了啊……」

他露出了有些哀怨的表情。

新子其實就是小鰭的弟弟，是一種稱呼會隨成長階段改變的「出世魚[21]」。新子↓小鰭↓鰶魚，這種魚的名稱會像這樣循序改變。新子是指今年才剛出生不久的鰶魚幼魚，體長大約四到五公分，身體也比較單薄。每年只要到了新子的產季，就連我也開始摩拳擦掌，想一嘗新子的美妙滋味。準備要切新子前，我還仔細地磨了小刀，然後屈身

21 日文的「出世」意指出人頭地之意。而出世魚一詞的由來，就是指魚類循序成長的過程有如新鮮人初入社會，經過一番努力後終於有所成就的經歷。

靠近砧板，屏氣凝神地開始動手切魚。但是最後，我還是不小心切壞了背鰭附近的魚皮，「不行啊不行，我的功力根本還沒到家呀。」害我忍不住唉聲連連。

明明長得就跟小鰭沒兩樣，怎麼會這麼難切啊！我把新子攤在手心，在心裡默默抱怨了幾聲。這種話要是真的說出口，應該又會被痛罵一頓了吧？對壽司店來說，新子是一種特別的魚，到「濱長」來採購的壽司店老闆們只要一看到新子，就會立刻讓店內氣氛變得歡騰許多。

梅雨季節時，外食的客人明顯減少，好不容易等到梅雨季過去，緊接著卻又是暑假的到來，餐廳的生意又變得更加清閒了。因此從梅雨季一直到八月過了中元節後的這段期間，受外頭景氣左右生意的魚河岸也幾乎無事可做，連圓盤的聲音也少了許多，根本就讓人提不起勁來工作。

正因為經過了這段清閒時期，見新子心喜的可不只有壽司店而已，對河岸人而言，新子也是令人歡欣鼓舞的鮮魚。「新子已經來了喔！」對壽司店老闆推銷新子的大老闆，聲音聽起來也格外高昂。

但說到新子的價格，可是宛如坐雲霄飛車一樣起伏不斷呢！

依往年經驗，新子開始在河岸出現蹤跡，差不多是在六月中旬的時候，去年這個時候的新子，一公斤要價四萬圓。

這個時期進到拍賣場的新子，頂多只有兩、三公斤而已，因此中盤商們都是以兩、三百克為單位，互相分攤數量稀少的新子。不過，這些新子並不會擺在店裡販賣，而是直接被堅持江戶風味的高級壽司店給包下。不過就算供需雙方彼此談好價格，一公斤也還是要四萬圓。

在壽司材料之中，新子的哥哥——小鰭算是比較便宜的種類。有時候一公斤不用一千圓就能買得到。剛上市的新子雖然物以稀為貴，但是一想到牠的哥哥，新子的價格還是會讓人不禁倒抽一口氣。明明就只是隻小魚，一條卻要價四百圓左右……光用想的就快讓人站不穩了。

不過只要再等個一兩周，新子的價格就會在轉眼之間下滑，一公斤大概會降到五千圓上下。到了那時候，「濱長」也會進個將近二十公斤左右。不過老實說，這樣的價格還是太高了。

常常來光顧的壽司店老闆也開始對著新子發起牢騷——

「好啦，該怎麼辦才好呢？這種大小……捏一貫壽司就要用三條吧……一條五十圓，三條就是一百五十圓……這還是不便宜啊，看來現在還不是下手的時機吧，算啦，那我再多等一段時間好了。」

如果再多等個三、四天，價格的確有可能會降到一公斤兩千圓左右，那時候也是咬牙苦撐的壽司店下手的最佳時機。但要是錯失良機，又不小心碰到連日大雨，新子的價格又會馬上水漲船高了。一公斤五、六千……不對，有時候甚至還會漲得更凶。

已經退休的大掌櫃茂木先生，也老愛跟客人熱烈閒聊新子的買賣狀況：

「喔！今天要來買新子對吧？」

「沒有啦，今天就先不用了啦。」

「你在說什麼傻話啊，今天不買什麼時候買啊！」

「今天店裡的年輕人都休假，人手不足啦。」

「幹嘛啊，裝什麼可憐呀。」

「要是昨天的話我就買了啊。」

「你們這些人就是這樣啦！說什麼早知道昨天就買了啦，明天再買啦，為什麼要把能賺錢的搶手貨往外推呢！你該不會忘了吧，『悔不當春』的新子可是可怕得很啊。」

「我當然沒忘啊。可是話也不能這樣說啊……」

壽司店老闆之所以會對春天的新子如此著迷，就是因為只要一旦錯過，就再也回不來了——我默默地這麼想。

對販賣生魚料理的壽司店而言，鮮魚的品質就決定了一切，當然不能使用隔夜貨。也正因為如此，不管前一晚多晚結束營業，每天一早還是會來河岸報到。新宿「喜多川壽司」的老闆就經常打趣說：「長久下來啊，比起家裡的被窩，睡在店裡拼起來的椅子還比較香甜呢。」現在仔細想想，那可能也不算是個玩笑話。會帶餅乾點心給帳房的大姊們探班，聊著身邊奇怪趣事的喜多川老闆，可是人氣的銀髮偶像呢。但是當他一站在魚的面前，我彷彿可以在他的背上清楚地看見「嚴肅認真」幾個字。

採購魚貨的工作總是緊張刺激，而其中的重頭戲之一，就是看準購買新子的好時機。價格像雲霄飛車一樣波動不斷的新子，到底該何時下手才好？我想，這也是壽司店老闆無法將目光從新子身上移開的原因吧。

接著進入了八月後，原本讓人心情陰晴不定的新子，卻突然變得乏人問津。每天早上都會去拍賣場進貨的阿真這麼說道：

「一箱只要三、五百圓有時候也沒人要出手，剩了一大堆在拍賣場裡呢。」

一箱五公斤的新子，只要三百圓。不過就在短短一個月以前，一公斤可是要價四萬圓啊。

天啊，新子還真是個狠角色。

這讓我不禁聯想到江戶時代的初鰹[22]。

進入江戶時代中期，人民的生活日趨穩定，開始像現代一樣出現追逐美食的風潮。人們爭相掏出二、三兩的金子，只為一嘗流行尖端的初鰹滋味。「賠上老婆一嘗初鰹美味」，當時甚至還出現了這樣的川柳[23]。

需要花上大把金子才能品嘗的高貴初鰹，也強烈刺激了江戶人愛慕虛榮的性格。

雖然對現代人來說，初鰹已經沒有那種致命的吸引力，不過在梅雨季登場的新子，似乎也同樣擁有迷惑眾人的魅力。

到了九月，新子也已經長大，開始進入小鰭的盛產期。在賣場的平臺上，同時陳列了體型較大的新子，還有體長約十五公分左右的小鰭。不過上門光臨的客人裡，還是會有人選擇購買新子，而且一邊挑選，還會一邊開口碎碎念：

「老實說啊，我個人是比較喜歡油脂多的小鰭啦，但是江戶人就是愛靠門面啊，看到新子都會心花怒放嘛。」

事實上從新子的模樣，就能感受得到江戶的美麗風情。

晶瑩剔透的淺藍魚背上，點綴了幾行淡黑色的斑點，看起來就像是細緻美麗的江戶紋樣[24]一樣。現在的食物雖然都已逐漸失去了江戶味，不過在新子的身上，勉強還算是殘留了點江戶風情。

多虧來河岸幫忙的福，讓我深深迷上了新子和小鰭的美味。新子跟小鰭都要先鹽漬，之後再醋漬一遍，這項作業雖然看似簡單，但是鹽跟醋的拿捏都必須要依照魚身大小、油脂含量，還有天氣溫度等變化來做些微的調整。

記得在某個盛夏時節，河岸閒得發慌的一天，大掌櫃茂木先生教了我新子跟小鰭的醃漬方法：

「鹽巴啊，要像這樣灑下去。與其說是像灑雪花，用片片初雪來形容可能比較貼切，必須要像這樣灑才行喔。」

本來我還以為會一邊聽他講解，一邊開始醃漬新子跟小鰭的課程。但誰知道不到一會兒工夫，我們就被壽司店的老闆們給團團包圍——

22 進入盛產季的第一批鰹魚。
23 一種詼諧、諷刺的短詩。
24 江戶時代時，繡染在高官和服上的細緻花紋。

「這種小鰭啊，鹽巴大概要醃個五分鐘吧！不對，應該是四分鐘才對。」

「不對吧，今天天氣比較涼，還是要醃個五分鐘才夠吧。」

聽著圍觀群眾的意見，茂木先生開始為我講解。

「鹽巴要按照油脂的程度做調整，油脂多鹽就醃久一點，油脂少則反之。所以沒辦法跟妳保證醃幾分鐘才是正確的。」

其中一家壽司店老闆露出「和我想的一樣」的表情開口說道：

「就是說啊，這都是要憑感覺來的啦。靠得是手感嘛。現在這種什麼都要靠網路的時代啊，真的很讓人受不了呢。」

「你是說那種要按按鈕才能動的東西吧？你看像銀行，連那個自動提款機啦，也都是一堆莫名其妙的按鈕啊。」

「喂喂，差不多可以從醋裡面拿起來了啦，現在沒人會吃這麼酸了啦。」

「不過以前我們年輕的時候啊，倒是連裡面都會醃到變白呢。」

話題已經開始越扯越遠了，大家一邊聊著自己對新子和小鰭的堅持，一邊露出孩子氣的表情，探頭探腦地在等待醃漬完成的新子；而我則是一邊做著筆記，一邊觀察大家的表情，自己也開始莫名地興奮起來。

新子散發清爽香氣，小鰭則是帶有亮皮魚獨特的奧妙滋味。

雖然無論是哪一種，味道都不像鮪魚那樣濃烈，但這種滋味卻是怎麼吃也不會膩。我以前曾聽某位壽司達人說過，要吃美味壽司非新子莫屬。當時不以為然的我，現在卻也拜倒在新子和小鰭的美味下。

順帶一提，新子要先泡在比海水再鹹一點的鹽水裡三分鐘左右，接著拭去水分，浸在醋裡五秒後拿起來，再放置五小時以上。

而醃漬小鰭的時候，鹽巴要像雪花一樣灑在魚身上，放置五到十分鐘後用醋水洗掉鹽巴，再拭掉水分，泡在醋裡約十分鐘左右。最後放置一晚，或是依當天情況放個兩晚左右醋會更入味，味道也會變得比較沉穩。

替了無生氣的夏天，注入活力的秋刀魚

那是梅雨季中難得的晴朗早晨——一塊塊大冰塊排列在市場入口的冰塊店前，在太陽底下散發著晶瑩透亮的光芒。

就在那天早上，我發現了一樣比冰塊還要燦爛美麗的東西。

殺魚的作業大約會在九點過後結束，我接下來的工作，就是要整理店內空的保麗龍

箱。每一條送到河岸的魚，都會裝在塞滿冰塊的保麗龍箱裡，所以當工作告一段落的時候，店裡各個角落總是散亂了空箱子。善後的整理雖然不算輕鬆，但是越整理，心情也會變得越來越輕鬆，所以其實我還滿喜歡這項作業。

就在難得放晴的那天，我像往常一樣整理著空箱子。在箱底，我發現了一樣閃閃發亮的東西——

那是一條身帶銀黑交織的老練色調，跟鉛筆差不多大小的小魚。牠和宛如雲母般的碎冰片交纏在一起，簡直就像設計精巧的裝飾品一樣。

唉呀呀，這到底是什麼魚啊？

「那是秋刀魚[25]啊。」

大老闆告訴我答案。

「長得好漂亮喔。這個箱子原本是裝什麼的啊？」

「喂——阿岡啊，這箱是裝什麼啊？」

大老闆出聲喚了負責亮皮魚類的阿岡。

「是鱚魚[26]啊。」

「哪裡來的啊？」

「伊勢灣。從三重那邊過來的。」

第一次見識到的秋刀魚幼魚，似乎讓我一整天都保持了好心情。

日本雖然所有海域都有秋刀魚的蹤跡，但大部分的秋刀魚都是在紀伊半島一帶繁殖，小魚孵化後再跟著黑潮北上。而我手上這條小小秋刀魚，一定是在北上的途中，不小心在伊勢灣迷了路，跟著鱚魚群一起捲入了魚網，來到這遙遠的築地了吧！

大概在七月中旬左右，秋刀魚就會出現在「濱長」的店門口。在箱子上，還出現了「北海道厚岸」幾個字。

河岸的季節，基本上都比外面的世界快一季。

出現在七月河岸裡的魚，早已充滿濃濃秋意，而秋刀魚就是其中的最佳代表。

這天秋刀魚的價格是一公斤三千圓。

25 秋刀魚，日名 san-ma，拉丁學名：Cololabis saira。秋刀魚的漢字表記很晚才固定，以前以其發音而寫成「三馬」，部分地域也有寫成「鰶」（和前文所述的斑鰶不同），後來則是直接使用取自中文的「秋刀魚」，或以假名表示。

26 鱚魚，日名 ki-su 或 shi-ro-gi-su，拉丁學名 Sillago sihama，中名有沙鮻、多鱗鱚，為臺灣、日本常見種，通常屬於竿釣漁獲；以沿岸小船釣具釣獲。

七月初在拍賣場看到的首批秋刀魚，一公斤要價八千圓，跟去年一公斤一萬圓的價格相比，已經算便宜很多，看來今年秋刀魚的漁況似乎很不錯。

不過就算一公斤三千圓，一條也要六百圓。就算是愛吃秋刀魚的我，這價格還是會讓我望之卻步，而且這時候的油脂含量也還沒有很多，所以我打算再忍耐一陣子看看。只要再多等一會兒，秋刀魚的價格就會逐漸下滑，到了八月中旬，一公斤最貴也頂多一千圓左右。而小條的會更便宜，一公斤大約六～七百圓。

北海道的厚岸很盛行捕撈秋刀魚，所以我特地打電話給厚岸的漁夫們，向他們請教幾件秋刀魚的事。聽他們說就算是中元連假，每天也還是忙得不可開交。

這段期間，我每天都會因為秋刀魚的關係，不斷張皇失措地更換殺魚場地。因為從產地送來的秋刀魚都是裝在冰水裡，使用的箱子比一般鮮魚還要占空間。從一大早開始，秋刀魚的箱子就會在店裡堆成好幾座小山，所以為了確保店內空間，必須要先把賣掉的秋刀魚配送出去才行。秋刀魚的油脂肥厚，便宜又美味，人氣當然也是可想而知。「濱長」每天的例行功課，就是把一箱箱賣出去的秋刀魚搬進店裡等著拿去配送。

「好囉，我要念囉！秋刀魚！秋刀魚！都是秋刀魚喔！」

負責鮮魚的阿真回報帳房的內容，也絕大部分都是秋刀魚。

在中元節連假開始前，漁獲量經常因為颱風而銳減；暑假期間空蕩蕩的東京，也使河岸顯得有些寂寞。但只要秋刀魚一出現，便讓了無生氣的賣場又重新恢復了活力。雖然秋刀魚算是比較便宜的魚貨，沒辦法靠牠多賺什麼錢，不過只要有生意可以做，就夠讓大家高興了。

聽說在明治時代以前，秋刀魚的漢字在河岸是左魚右祭，寫作「鰶」讀作SANMA（秋刀魚）。就是因為牠的出現，讓河岸變得如祭典般的熱鬧。而我也差不多是在這個時節，開始解禁品嘗秋刀魚。

首先我會品嘗醃漬的秋刀魚生魚片——以前從來沒聽過什麼秋刀魚的生魚片，不過現在的運送技術已經變得非常發達，連保鮮不易的秋刀魚也能做成生魚片了。

我醃漬秋刀魚的方法和醃小鰭，還有鯖魚的過程一樣：先將秋刀魚切成三片，用鹽巴醃漬過後，再沾一點點醋來食用。佐料則是使用薑和茗荷。我原本還以為和蔥一起吃也會很搭，結果試了之後才發現，蔥竟然提出了一點點秋刀魚的魚腥味。

另外也可以把羅勒醬塗抹在切成三片的秋刀魚上，直接這樣烤來吃也非常美味。或是改用青紫蘇和芝麻做成的青紫蘇醬也很對味。

老實說我真正想料理的，是直接連著內臟把秋刀魚鹽烤得滋滋作響，只不過都會的生活卻不允許我這麼做。很久以前，我曾經不顧大量的燒烤煙霧，直接在瓦斯爐上烤秋刀魚。結果才烤沒多久，玄關就傳來急促的電鈴聲……

一打開門，就看到隔壁的阿婆面無血色地站在門口——

「太太，你們家是失火了嗎？」

「呃、不好意思，我是在烤秋刀魚啦。」

我只好拚命向阿婆低頭道歉。雖然很遺憾，但為了跟左鄰右舍維持良好關係，以後要吃鹽烤秋刀魚，我決定去附近的餐廳吃就好了。

接著來到了十一月——

「唉呀，最近真的很常吃秋刀魚呢。」才剛這麼想，秋刀魚就已經南下到了氣仙沼一帶，油脂也跟著逐漸減少，看來秋刀魚的產季也差不多要結束了。到了這時候，就算是熱門的秋刀魚也開始賣不完。只見好幾條秋刀魚沒勁地橫躺在冰塊上，大概撐不過明天了吧？

我經常會用山椒來料理這些「可憐」的秋刀魚。首先去除秋刀魚的內臟，再將魚肉切成大塊狀，加入山椒、味醂和醬油等調味料，花時間慢慢烹煮。

山椒不管是生的還是醃漬的，我都曾試著拿來料理過。其中我最常使用的是一種商標上寫著「日本香料」，在青山紀之國屋超市裡賣的醃漬山椒罐頭。只要有了它，煮起來就簡單方便多了。

等秋刀魚煮到湯汁收乾了後，最後擱在一旁等待冷卻即可。秋刀魚加上山椒的辛辣口感，跟白飯可是天生一對。這道山椒煮秋刀魚會在我家的冰箱裡擺上一星期，成為我下飯的最佳良伴。

而我跟秋刀魚相伴的日子，也就在此畫下了句點。

聽說以前的漁夫會跟著秋刀魚從氣仙沼一路南下，追到銚子[27]一帶才肯罷休。順帶一提，在落語[28]「目黑秋刀魚」的故事中，不知道是出門獵鷹還是做什麼的主公殿下，在目黑所嘗到的，呃，就是那個眼睛細長又美味的魚，正是銚子產的秋刀魚。

然而，現在的河岸是不會進「目黑秋刀魚」的，那是由於海水溫度升高，秋刀魚已經不再南下之故。

厚岸的漁夫這麼說道：

27 氣仙沼，位於宮城縣北方；銚子，位於千葉縣。
28 日本的傳統表演藝術，類似中國的單口相聲。

「會追到銚子捕秋刀魚已經是十幾年前的往事啦，現在差不多都是追到三陸[29]附近為止。不過每年的狀況不同，有時候在十一月我們還會追到津輕海峽去呢！」

因為海水溫度逐漸提高，隨著秋刀魚一直逗留在北方海域，脂肪含量也會跟著減少，就算抓上岸也值不了多少錢。

海水的溫度變化，也讓秋刀魚的魚況出現了異常現象。

不只是秋刀魚，同樣的異常現象也發生在很多魚類身上——以前只能在南方海域捕到的魚，現在在北海道也抓得到。根室的漁夫還跟我說，以前曾經捕到從來沒看過的魚，之後查了圖鑑才發現，原來那竟然是在本州以南才抓得到的魚……

每當聽到這樣的事情時，我都會對因為地球暖化的關係，而產生變化的海洋變感到心痛。

但話雖如此，凡事都有一體兩面，大老闆的一句話，稍稍改變了我的想法——

「魚啊，都是往自己喜歡的海水溫度游啊。」

原來如此，事情也許就是這麼簡單吧，因為在牠們喜歡的海水溫度裡，有著牠們愛好的食物。會對不南下的秋刀魚唉聲嘆氣的，也只有人類而已，跟秋刀魚本身一點關係也沒有。牠們只不過是為了尋找喜歡的食物，在這片大海裡四處悠游罷了。

這樣比起來，一旦決定了居住的地方，就不會隨便搬家的人類是多麼不自由啊。我卡在客滿的電車裡，在兵荒馬亂之下急著換ＪＲ、換地下鐵的途中，不經意地想起秋刀魚的事，忍不住露出了苦笑——說不定秋刀魚的生活，還比人類更愜意自在呢。

颱風一過，破涕為笑

只要一起風，河岸人就會露出不悅的表情。

雖然不是每個人都會如此，但至少負責近海鮮魚的阿真，看起來就一臉愁雲慘霧的樣子。

「糟糕，開始起風了。」

今天的風的確有一點強烈，不過現在的天空萬里無雲，好歹也算是個晴朗的好天氣。「吹起來不是挺舒服的嗎？汗水都被吹乾了呢。」我狀似開朗地這麼說。然而，阿真卻酸溜溜地回答：

「哪裡好啊，如果是下雨就算了，反正還是可以出海。但要是一起風，變成暴風雨

29　三陸指以前屬於陸奧國的青森到宮城縣北側一帶。

的話就完蛋了。」

阿真哀怨的眼神讓我第一次曉得這件事。

雖然阿真也負責從海外、北海道和九州等地空運來的魚貨，但是最主要還是以近海魚為中心。既然身在築地都能感受到這麼強烈的風，關東附近的海面風浪一定更大。由於風有推波助瀾的能力，如果只是一點小雨，勉強還能出海捕魚；但只要強風一吹，海面就會變得波濤洶湧，漁夫們也只能暫時停止出海。這樣一來，河岸的魚貨當然就會跟著減少。

要是強風轉變為颱風，阿真的表情可就不只是愁雲慘霧，而是會淚如雨下了。

去年八月到九月的期間，也跟往年一樣出現了颱風。

在颱風來襲的那天早上，採買的客人都比往常還要來得早，因為根據長年的經驗，大家都曉得這時候的魚貨會比較少，好貨跟特賣品很快就會被一掃而空，當然每個人都想早一步來報到。到了七點，那幾家常來光顧壽司店老闆們，幾乎都不約而同的齊聚一堂——

「颱風現在跑到哪了啊？」

「今天早上的天氣預報說是在四國附近。」
「喂喂，『山壽司』啊，你沒事買這麼多幹嘛啊？」
「因為明天鎮上有祭典啊，外送的訂單還不少呢。」
「真羨慕你啊，還有這麼多外送訂單可以拿。」
「我亂蓋的啦，祭典早就延期了啦！欸，我拿一點冰塊走喔。今天天氣實在是太悶熱啦，不多灑點冰塊不行啊。」
「魚還真好啊，就算潑牠多少冷水也不會生氣。要是換成女人啊，只要一對她冷淡立刻會轉頭就走呢。」
「哈哈哈，你又被甩了啊？」
颱風天的魚貨雖然比平常少了很多，但要是南邊起了暴風雨，我們就會從北邊進貨；颱風如果往北邊跑，就換成從南邊進貨。在產地那裡，也會事先確認天氣預報。要是在颱風來臨前出現大豐收，產地就會先屯積魚貨，等到颱風來襲當天再進行出貨。現在保鮮設備已經非常發達，所以不會像以前碰到颱風，就陷入完全無魚可賣的窘境。
來採買的客人也都曉得這種情況幾乎年年發生，大家都已經習以為常了。一早就聚在「濱長」前的熟客們，開始你一言我一句地討論起颱風的最新動向，每一個人都看起來有些焦躁不安。

阿真一個人面無表情地站在店裡——阿真負責的客戶大都是餐廳業者，大部分都會固定每個月換一次菜單，再按新菜單的內容來向他下訂單。如果客戶要鱸魚，無論如何就是要調到鱸魚。規規矩矩地依照客戶要求提供魚貨，是魚販最重要的功課。這一次從南邊調貨，下一次換成向北邊調貨，只要能順利調到魚貨，就不會有什麼太大的問題。只不過，現實並沒有那麼簡單——半夜一點多，阿真一大早就在拍賣場裡四處奔波。然而，需求量大的超市業者也在今天跑來報到，一下子就帶走了一大堆魚貨。其實那些魚早在被擺出來前，就已經先被他們給買斷了。所以在魚貨量不多的颱風天裡，不管阿真多早到拍賣場報到，也買不到充足的魚貨。

最後果不其然，送到我手邊等著殺的魚，全是些讓人搖頭嘆息的貨色。雖然拿到了當令的黃雞魚，但是牠的肚子看起來特別圓潤，魚鰭也鈍了許多；一剖開肚子，油膩膩的油脂立刻沾滿了雙手，不論左看右看，這都是人工養殖的黃雞魚。甚至就連鱸魚也是一樣的情況。要是是平常的話，這些當季鮮魚一定都是上好的天然貨色。

「喂喂，阿真。搞什麼東西啊你，幹嘛進這種貨色啊！」

對於大老闆不滿的大聲嚷嚷，阿真也只能發出近乎哀嚎的聲音喊道：「沒魚可買啊！」

要是颱風就這樣老實地撲過來……唉，船到橋頭自然直吧。颱風的動向難以預測，要是這幾天暴風雨再沒有停歇，就連「濱長」的早晨也脫離不了低氣壓。

沒時間好好睡覺的阿真，臉色看起來十分憔悴。「阿真啊，你的臉也太像老阿婆了吧！」為了提振阿真的士氣，大老闆還故意虧了他兩句，但阿真卻連個回應也沒有。只要看看他手邊的可樂罐數量還有抽菸量，就能知道他連開玩笑的閒工夫也沒有。因為阿真只要一不耐煩，就會習慣猛抽菸和灌可樂。

賣場平臺幾乎變成颱風前預留的存貨，還有養殖魚的嘉年華會了。

平常總是速戰速決的壽司店「喜八」老闆站在店門口，手插在胸前重重地嘆了一口氣。竹筴魚、小鰭、沙丁魚、鯖魚、秋刀魚、鰹魚、烏賊、蠑螺、赤貝[30]、北寄貝、扇貝柱[31]、蛤蜊貝柱，還有其他適合燒烤的近海魚等等，現在全都正值盛產季，但是每次都會一手拿著採買單，眼明手快挑選魚貨的「喜八」老闆，今天卻是茫然地呆站著：

「完全沒有我想買的貨色耶。」

大老闆弓起龐大的身體，一臉抱歉地回答。

30 赤貝，日名 a-ka-ga-i，拉丁學名 Scapharca broughtonii，臺灣不產。北海道到九州河口內灣，水深二十至五十公尺附著於泥底，大者如饅頭，味美。臺灣近似種為血蚶。

31 扇貝柱，指帆立貝（日名 ho-ta-te-ga-i，拉丁學名 Patinopecten yessoensis）的貝柱，多由養殖場供應。

「真的就像您看到的一樣，因為颱風的關係，我們今天也沒有什麼好貨可以推薦啊。」

但是以大老闆的個性，要他低聲下氣跟客人解釋，原本就是一件天方夜譚的事。光是站在一旁看，就讓人想衝上前去跟他說：你就別勉強了吧！附帶說明一下，面對客人的需求，大老闆最討厭的就是回答「沒有」兩個字。就算曉得是颱風的關係，大老闆心中的不耐煩還是一覽無遺。

接著，壽司店「信濃町滿月」的店長也來到店裡採買。「信濃町」的店長從小在巴西長大，是一位綽號叫作「AMIGO」的老實青年。AMIGO的身高跟大老闆一樣壯碩挺拔，他們兩人站在一起聊天的模樣，在我眼裡就像是兩條鬆獅犬在互相打鬧似的。總之大老闆對待信濃町青年，就像在照顧自己的兒子一樣，經常給他很多採購上的意見。不過今天，剛好是情況特殊的日子。正當我還在祈禱大老闆不要亂發脾氣時，事情就開始了──

「喂！信濃町的！你幹嘛在這時候來買星鰻啊！」

大老闆開口說。

「因為就沒有星鰻了嘛。」

信濃町青年就跟平常一樣，帶著有些撒嬌的口氣說道。但話才剛說完，大老闆的大嗓門就開始發威了──

「混帳傢伙！什麼鬼星鰻啊！你是沒看氣象報告嗎？你這個人就是老愛喝酒啦！現在才會搞成這樣啦！你自己看看今天星鰻的價格！」

「話不能這樣說啊，壽司店不能沒有星鰻啊。」

「真是受不了你！生意明明也不是多好，還偏偏要在這麼貴的時候來買！唉啊！你為什麼一定要在這時候來買啊！」

明明應該是幾句貼心的建議，但大老闆心中的焦躁卻掩蓋了溫柔，到最後變成只是在亂發脾氣而已。畢竟對河岸人來說，他們表現愛情的方法通常都跟一般人不太一樣。

而現在的阿真，簡直就是一位不幸的大王──

「該怎麼辦啦。這個禮拜啊，不是禮拜三放假，禮拜六、日又碰到敬老節連休嗎？這時候絕對會有很多生意上門，所以我把希望全賭在這禮拜了啊。我還事先跟送貨的打過招呼，做好了萬全準備呢。」

九月十五號是敬老節──雖然日本有各式各樣的節日，但在敬老節的時候，河岸的生意總是特別好。因為老年人都比較喜歡吃魚，很多人都會選擇用壽司或是日式料理來慶祝──這下子阿真的嘆息聲又開始綿延不絕了。

現在每家店都陷入無魚可賣的窘境。河岸有一項獨特的習慣，就是當店家收下訂單後，卻碰到出不了貨的情況時，就會直接向同業買魚來解決。「濱長」經手的鮮魚種類跟數量都特別多，所以經常會看到同業上門求救。而今天來求救的人數，則是破了以往的紀錄。大家紛紛氣喘如牛地跑來問：有沒有象拔蚌？那黃雞魚呢？只不過現在連我們自己都快自身難保了。

在這樣的日子裡，忙到幾乎是全店總動員在處理魚貨的，就是冷凍魚專賣店了，就連在通道上，也堆滿結了霜的箱子。店員甚至連用手接力都嫌麻煩，直接就把箱子往店外丟。丟出來的箱子在圓盤上堆成一座小山，隨著響亮的引擎聲送往配送所。

鮮魚店們個個面無表情地望著這幅景象。

專門炒熱氣氛的阿智還自暴自棄地大聲嚷著：

「這種日子過得還真累人啦。不管哪家店都擺不出好貨色，根本看不到客人的影子嘛。這個臭颱風怎麼還不快點給我滾遠一點去啊！」

不知道老天是不是聽到了阿智的願望，就在敬老節前一天的禮拜五，颱風終於離開，漁獲量也開始漸漸回穩。

鮮魚的箱子在店裡堆積成山，甚至連走個路都有點困難。大老闆將厚實的毛巾緊緊綁在頭上，哇喔，竟然連阿真的頭上也綁了毛巾，還真是時髦呢。確認訂單傳票、秤重、放進袋裡、接著裝箱後交給送貨負責人……這些每天都在重覆的動作一下子就改變了店內氣氛，和前幾天截然不同。埋頭整理魚貨的大家，每個人都露出凶神惡煞的眼神；帳房跟賣場之間的對話變得繁雜，帳房大姊們的聲音也都個個氣勢高昂。

大老闆拉起嗓門大聲地說：

「今天賣不掉魚的人啊，可以不用再幹魚店啦！」

雖然沒有任何人回應大老闆的話，但是今天的店裡可是殺氣騰騰，處處瀰漫著「今天不賣魚，那是要等到什麼時候啊」的氣氛。颱風來襲的這幾天，業績都不如預期來得好，所以每個人都是抱著必死的決心，打算在這一天來挽回颱風帶來的損失。此時的店內，已經不分什麼職位高低了。當大老闆犯了錯，便會傳來年輕人們的陣陣噓聲。大老闆也擺出低姿態，開口向大家道歉。總之無論如何，今天就是如此美好的一天。

等到差不多要開始準備打烊時，已經快要下午一點了。就連老鳥的大家，也露出了一副筋疲力盡的表情。但這樣神清氣爽的疲勞感，和無魚可賣的那幾天截然不同。這是為了鮮魚忙進忙出的疲憊。對魚販而言，這種日子的辛勞也是最為甜美。

要殺死魚販不需要動刀，只要靠壞天氣就足夠了。哎呀呀，颱風過後的天空還真是秋高氣爽呢！

秋天，隨著消失的鰹魚苦澀而來

十一月是酉市[32]的季節，波除神社也在這時候舉辦了酉市。大大小小的熊手[33]密密麻麻地掛在神社，看起來好不熱鬧。熊手上裝飾了阿龜女或火男面具，亦或是七福神、萬寶槌、賀儀袋[34]等招財聚福的吉祥擺飾，除了尺寸特別大之外，設計上也跟一般熊手不太一樣，光是欣賞就十分有意思。

「哎呀，真的是太開心啦。明明您去大鳥神社比較方便，竟然還特地跑到這裡來光顧，真是謝謝啦。」

「免客氣啦，反正河岸也沒多遠嘛。」

「真是多謝您的關照啊，今天我就算您便宜點好啦，老闆。」

每當一筆熊手生意成交時，就會傳來一陣慣例的祝賀掌聲。那麼我呢，也買了波除神社在酉市推出的小熊手。而且為了讓福氣能順利來到身邊，我還特地丟了中間有孔的五十圓香油錢。神社的熊手上掛有金銀小鈴噹、金紙做的金幣和稻穗一束，再加上一個開運護身符。雖然這把嬌小玲瓏的熊手，看起來沒辦法幫我招多大的福氣進來，不過對我來說也恰恰好。買完熊手後，我便微微縮起身子離開了神社。

第一個酉日、第二個酉日、第三個酉日……隨著波除神社舉辦酉市的日數增加，返鄉鰹[35]和寒鰤[36]的進貨量就會像風水輪流轉一樣地開始互相逆轉。

如果單指進貨數量互相逆轉，大概也會有人認為是竹筴魚跟針魚[37]吧？因為以壽司店的魚類分類法來看，竹筴魚跟針魚都屬於亮皮魚類。進入酉市的時節時，竹筴魚的身

---

32 在每年十一月的酉日舉辦，是祈求生意興隆的傳統祭典活動。酉日是依照天干地支來計算，因此一個月三十天中可能會出現二～三個酉日。

33 原本是打掃用的竹耙，在日本另有招財聚福之意。上面裝飾了金幣或七福神等擺飾，主要是祈求生意興隆的吉祥物。

34 舞台表演叫座或商店生意興隆時，主辦人或老闆分發給工作人員的賀儀。

35 秋天時，從東北或北海道南下迴游的鰹魚。

36 寒鰤，寒字代表冬天出產，油脂最豐厚的當令鰤魚（日名bu-ri）。廣泛分布於日本沿海，以日本常見種為例，其拉丁學名為Seriola quinqueradiata，中名為青甘鰺或五條鰤。

37 針魚，日名sa-yo-ri，拉丁學名Hemiramphus sajori，中名為塞氏鱵，臺灣主產的則是斑鱵，俗稱：水針、補網師、細魚等，產於東北海域、澎湖。

體會漸漸消瘦，開始進入產季的尾聲；而同樣身為亮皮魚類的針魚，就會緊接著在此時登場。

在第一個酉日前後，上門光臨的壽司店老闆們，目光都會不自覺地飄到針魚身上。針魚的漢字，也可以寫作「細魚」。針魚的身體細長且美麗，味道也跟牠的模樣一樣清淡高雅。不過因為針魚有一塊黑色肚子，所以也會被拿來形容陰險狡猾的人，簡直是一位心機美人呢！彷彿就像卡特琳娜・亞荷蕾（法國著名的推理小說作家）的推理小說裡登場的美女一樣。身為卡特琳娜・亞荷蕾的書迷，包括其黑肚子在內，針魚也是我很喜歡的一種魚。

針魚擺在裝滿冰塊的箱子裡，銀色的魚鱗閃閃發亮，看起來就像是在炫耀自己有多麼美麗一樣。

「大叔，這些針魚怎麼賣啊？」

「不好意思啊，今天的貨一公斤要七千圓。」

「咦——這樣哪買得下去啊！可是……那三條好了，就給我來個三條吧。」

「就是說嘛，雖然是有一點貴啦，可是這麼招牌的東西，還是得要放在菜單裡嘛。畢竟這時候的針魚就是不一樣啊。」

趁壽司店老闆還沒有改變心意，大老闆邊說邊迅速地把針魚裝進塑膠袋裡。

我跟大老闆說，在來河岸以前，我一直都以為針魚是屬於春天的魚……

「妳在說什麼啊，春天的針魚身上都有魚卵，哪裡好吃啊！好針魚要長得像門栓——就是那個嘛，在門上面上鎖的那個東西嘛——身體像門栓一樣直挺挺的冬季針魚才好吃。只要一入秋啊，竹筴魚跟沙丁魚的脂肪都會減少，這時候的亮皮魚都沒什麼好吃的。可是只要再等一陣子，美味的針魚就會登場啦！講到這時候的亮皮魚啊，一定非針魚莫屬。」

隨著時間來到第二個酉日、第三個酉日時，針魚的價格確實砍了一大半，銷路也變得十分順利。

如果把場景換到一般家庭的廚房，秋刀魚跟鯖魚的登場次數也會在此時互相出現大逆轉。從八月中元節前後開始到十月左右，秋刀魚的進貨量會急速增加，多到幾乎占領了整家店，讓擺滿魚類的店鋪都快連人類也擺不下了。每到這個時候，我們早上的第一份工作，就是要先配送秋刀魚的魚貨。要是不先解決掉這些秋刀魚，根本就沒辦法讓客人進來店裡看貨，也沒空間可以用來殺魚。

不過只要一到了酉市的時節，秋刀魚的身影就會迅速減少，取而代之的，則是要忙著處理鯖魚的包裝。由於鯖魚的身體相當柔軟，每一條都必須要先包一層報紙後，再放進塑膠袋裡才行。不論是秋刀魚還是鯖魚，都是泡在冰水中送進店裡，雖然在秋刀魚的產季裡，從冰水裡撈起秋刀魚，確認數量後再放進塑膠袋的工作不算什麼難事；不過要是到了鯖魚的時節，這項作業就會開始讓人有一股冷颼颼的感覺。有時候一邊工作，還要一邊對著失去知覺的指尖呵氣取暖，然後對著自己說：冬天就快來了，要趕快習慣冷天氣才行。

然而隨著秋去冬來，酉日的數字增加，會讓殺魚功力還沒到家的我感慨萬千地想：唉喔，幹嘛互相搭配得這麼剛好啊——指得就是返鄉鰹跟寒鰤了。因為鰹魚跟鰤魚都是大型魚，大部分的客人都只會買一半，所以最後一定都會轉到我這裡來處理。

雖然鰹魚從二月開始就會進貨，不過這時的訂單還不會很多，要等到九、十月返鄉鰹出現時，鰹魚訂單才會一口氣地增加。返鄉鰹的肉質細緻，油脂也十分飽滿，菜刀一切下去，魚肉就會在瞬間貼在刀刃上。

我原本就是被鰹魚切半的景象吸引，無論如何都想自己切切看，才會硬賴在「濱長」這裡不走。

記得那是我剛到河岸不久，一切都還傻傻分不清楚的時候——

現在已經退休的大掌櫃，當時正在處理著鰹魚。他用刀尖挑起殘留在魚骨上的碎肉，隨興地將魚肉一口放進嘴裡，自言自語地說：

「鰹魚的苦澀消失了，看來秋天也差不多要來了吧！」

我對於從苦澀的變化，來看出秋天的說法十分感興趣，便戰戰兢兢地問了大掌櫃。其實當時的我很怕大掌櫃，他的固執性格總讓人覺得難以親近，結果不出所料，大掌櫃並沒有直接告訴我答案，他斜眼瞄了瞄在一旁扭扭捏捏的我，就又繼續埋頭處理下一條鰹魚。但是我的個性也是倔強得很，怎麼可能這樣就被嚇跑，只不過我也不敢再急著重覆問相同的問題，所以最後也只好呆呆地站在一旁。

不曉得大掌櫃是不是想趕走我這隻煩人的蒼蠅，就在他處理完最後一條鰹魚時，突然將菜刀伸向我的眼前，在刀尖上，黏著一片像山茶花瓣一樣薄的肉片——

「嚐嚐看。」

我心驚膽顫地嚐了一口。

「好柔順，吃起來好不像鰹魚的味道……」

唉啊，真悲哀，當時的我就像根木頭一樣，只回答得出這種膚淺的感想。然而，大掌櫃卻露出一副如他所料的表情。

「對吧？苦澀的原因就是血啊！盛夏前的鰹魚會一邊尋找食物，一邊不斷高速地往北方游，就是因為游得這麼熱血沸騰，才會出現血的味道。」

「原來如此，原來鰹魚的苦味就是血啊……」

「是啊，等到了秋天，鰹魚的油脂變得飽滿後，血味也會溫和許多。」

這段對話不禁讓我感到一陣腿軟。因為實在是太令人感動了，只有長年跟魚相處的人，才說得出這樣的話。當時的我還不知天高地厚地希望，就算只是一點皮毛，總有一天我也想說說看這種話——只要切切鰹魚就能知道秋天的腳步，這樣不是很酷嗎？大掌櫃處理鰹魚的身影也是越看越帥氣，越看越令人嚮往，我這個得意忘形的傢伙，就這樣一頭栽進了對帥氣殺魚的憧憬。

接著過了三年，雖然離帥氣還差得遠，但我總算是可以負責鰹魚切半的工作了。

鰹魚切半也是一件很有樂趣的工作，首先要豪邁地剁下魚頭，去除內臟，再用海水嘩啦嘩啦地把血清洗乾淨。接著拭去水分，在背鰭兩側迅速劃下兩刀。然後抓住魚尾，用刀背壓住背鰭，就可以輕鬆取下背鰭。接著將魚身平躺在砧板上，再用刺刀切入。所謂的刺刀，就是一種把刀鋒貼在魚骨上滑動的刀法。因為鰹魚的肉質柔軟，若不特別謹慎小心，刀鋒一不小心就會刺進魚骨下方。

只要能將刀鋒緊貼在魚骨上，接下來的動作就簡單多了，只要分別從魚腹還有魚背兩側入刀，刀鋒延著龍骨往前滑下去；最後到了要從龍骨切下魚肉的步驟時，我都是抓著魚尾，將鰹魚頭下尾上的倒立著拿，菜刀再毫不猶豫從魚尾向下切下去。這是既沒什麼力氣，又是菜刀初學者的我，誤打誤撞下摸索出來的方法。不過我以前曾在電視上看過，在鰹魚盛產地的高知縣，那邊的女性也是用同樣方法在殺鰹魚——這或許是一種很適合女性的殺魚方式也說不定。

到了第二個酉日、第三個酉日的時候，返鄉鰹的產季也進入了尾聲。雖然感覺有一點寂寞，但緊接著小鰤魚，也就是「稚鰤」將會取而代之，接著再循序漸進到鰤魚盛產的時節。

鰤魚也是一種會依成長階段的不同，而改變稱呼的出世魚——在東京的叫法分別依序是若鰤、幼鰤、稚鰤和鰤魚[38]。成年的鰤魚體長差不多是一公尺左右，體重約在十公斤上下。光是從箱子裡拿出來擺在砧板上，就覺得背跟肩膀都好像快要冒出熱氣了，剁下魚頭再將魚身切成兩片，也得要費上很大一番工夫。好不容易解決掉一尾，額頭上就已經冒出粒粒汗珠，而我也會在這個時候開始想，鰤魚逆轉的時機算得還真剛好啊！到了第三個酉日時，寒風漸起，天氣開始變冷，鰤魚也取代了返鄉鰹，而我對鰤魚的認識，就只知道牠不畏寒冷而已。

38 鰤魚隨體長與出產地域不同，俗名相當多且雜亂，文中以東京的稱法分別為：wa-ka-shi（若鰤）、i-na-da（幼鰤，四十公分以上）、wa-ra-sa（稚鰤，六十公分以上）和bu-ri（鰤魚，一公尺以上）。

而且一看到鰤魚的箱子上寫著「冰見」或「天然」幾個字，就會讓人冷汗直流，緊張萬分。冰見是一座位於能登半島尾端，面對富山灣的漁港。冰見海岸就像是一座寒鰤的寶庫。在冰見出產的天然鰤魚，可是名牌中的名牌。身為悲哀的人類，只要一看到名牌貨，就會不自覺地失去平常心。

不過，我倒是很喜歡處理鰤魚這種大型鮮魚，反而對星鰻、針魚還有小鰭那種小魚很沒輒，所以我總會不自覺地把小魚交給大老闆處理。

「是不是反了啊，怎麼會是大塊頭的老闆殺小鰭，大姊殺鰤魚啊？」

不但經常被客人拿來開玩笑，就連大老闆也會對我說：「妳快點學會殺小魚吧！」但不管怎樣我就是比較喜歡大型魚。

在現在這個時代，就算不會殺魚，美味的魚想吃多少就有多少：超市賣的鮮魚，絕大多數都已經切片；就算買的是一整條鮮魚，店家也會幫忙處理到好。

在河岸附近有專門切魚的加工廠，主要的客戶為餐廳、超級市場、便當店、和供應伙食的地方，只靠著切魚，也能做出一番生意。早上我經常在電車裡碰到切魚店的社長，但他總是會用「好忙，好忙！」來代替打招呼。由於切魚的加工需求很多，在考慮人事費用的情況下，有些切魚店甚至在中國還設有工廠，在國外捕到的魚就會先運到中國，在中國當地加工切片後，再冷凍運來日本。

哎呀，就算不靠人力，現在也可以請機器來幫忙嘛！前幾天我才在海邊的加工廠裡，看到處理星鰻的機器。設置於機器的溝槽和一條星鰻大小差不多，而在溝槽尾端的利刃，轉眼間就能把星鰻切得漂漂亮亮，甚至連剖竹夾魚的機器也相當普及。在現在這個工廠都靠機器作業的時代，就算出現切魚機器也沒什麼好奇怪的。

就算會殺魚，對一般普通生活也不會有什麼太大的好處，只是就算沒什麼影響，我對殺魚的興趣也絲毫沒有減少。因為在殺魚的過程中，可以好好認識魚的一切，可以曉得魚是正值當令還是已過產季？或是哪個產地的魚最鮮美？還能發現在書籍和電視裡盲目得到的知識，跟現實有很大的差別。每殺一次魚，都會讓我不停重複說著：唉呀，原來如此，原來是這麼一回事啊！

不過啊，我雖然好像寫得很了不起，但其實我只是喜歡殺魚喜歡得不得了而已——豪邁地剁下魚頭，剖開魚腹，在轉眼之間，周圍就會被大量鮮血給染紅。坦白說，這些都帶給我一股快感，讓身體跟著熱血沸騰，好像連人都開始頭暈目眩了起來。尤其是接下來用菜刀切開魚身的時候，心情實在是爽快無比，所以我才喜歡殺起來特別帶勁的大型魚。

母親聽完我的話後皺起了眉頭，身體直打著哆嗦：

「妳到底在說什麼傻話啊。在外面絕對不要隨便說這種話喔。妳這孩子還真是……」

她大概是把「殘忍」二字又吞了回去吧！

「別擔心，我不會跟其他人說的。」

一邊這麼說，我也一邊開始對自己感到不安。雖然我一點也不覺得自己很殘忍，但是……

如果因為其他工作的關係，讓我有兩、三天沒辦法去河岸時，我就會夢到自己正在殺魚的夢——一邊隨著電車的晃動，我會一邊不知不覺地回想起用菜刀殺魚的手感。

不對啦不對，在到達可以帥氣殺魚的境界前，我想這大概只是修練過程中的一部分吧？雖然我替自己的行為下了這麼一個結論……但我怎麼感覺像是一號「危險人物」啊!?

耶誕節的比目魚

進入十一月後半，場外市場周圍的大道上，紛紛掛起了紅白相間的布幕，告訴大家歲末的腳步已近。一年的最後，也是生意最忙碌的時候，只要再加一把勁就可以放假了。被北風吹得啪啪作響的紅白布幕，彷彿提振了我的士氣。在清晨往河岸的路上，就連在天上不斷閃爍的星星，也看起來好慌忙的樣子。結果回過神來，我才發現自己正在小跑步。原來星星會看起來比平常還要慌張，都是因為我一邊急著加快腳步，一邊抬頭仰望星空的關係——我苦笑著想。

「喂！阿裕拿到耶誕節的訂單囉！要在三天內殺好五十條舌鰨[39]喔！」

就在某天早上，大老闆露出挖苦的語氣對我說。

阿裕雖然跟阿真一樣是負責近海魚類，不過他不但會出門外送，也很會到處拉生意。

可是五十條的舌鰨……

去年切了一百條條平鮋[40]的噩夢又回來了——條平鮋的大小跟眼張魚[41]差不多，處理牠並不需要花費很大的力氣。只不過在殺鰤魚那種大型魚的時候，勉強還能耐得住寒冷，但是一碰到條平鮋這種小魚，就得要一直埋頭動著雙手才行。而且在北風中越切手

---

39 舌鰨，日名 shi-ta-bi-ra-me，漢字寫作舌鮃或舌平目，也是一般指稱比目魚中的一種。

40 條平鮋，日名 shi-ma-so-i，漢字寫作縞曹以，故亦有譯為斑紋曹以。拉丁學名為 Sebastes trivittatus Hilgendorf，亦為眼張魚的近似種。

41 眼張魚，日名 me-ba-ru，意思就是眼睛凸出來。拉丁學名 Sebastes inermis，中文正式名稱為無備平鮋，是石狗公的一種。為溫帶礁石淺海躲藏於海藻叢的魚，魚肉滋味類似石斑，臺灣不出產。

越僵硬，鼻水跟眼淚還會把臉都弄得髒兮兮的，等到全部結束後，感覺自己都要變成一根冰柱了。

今年店裡也進了一大堆根室來的條平鮋，想必這些一定都會送到我這裡處理才是。雖然我已經做好了覺悟，但別忘了還得要再加上五十條舌鰨啊！剝下舌鰨的皮後，魚身的厚度頓時變得連兩公分都不到，要把牠切成三片實在是件很花時間的工程。而且入刀的方法也不能出錯，必須要溫柔謹慎地下手才行。這對天生就缺乏謹慎要素的我來說，更是一件難上加難的事。屏氣凝神，將所有神經集中在指尖上……唉啊，我又凍得變成一根冰柱了啦！唉，算了，反正這絕對絕對比整天無所事事還要來得快活。

卯足全力做完生意後，這一天又結束了。魚販做生意都是今天的魚今天賣，到了明天又會是全新的一天。這樣的想法雖然幾乎深植在每家魚販的心裡，但是一碰到歲末年終，大家的神情全都變了一個樣。工作結束後，大老闆召集了店員，開始忙著擬訂年終的作戰計畫：

「去年雖然有進鮟鱇魚[42]，但今年鮟鱇魚的漁獲量少之又少，聽說連常磐那邊也沒捕到多少的樣子……」

大老闆把目光停在阿真身上嘟囔地說。鮟鱇魚的採購，也是由處理近海魚類的阿真負責。

在去年冬天，除了日式餐廳外，連西式餐廳跟中華料理店也幾乎都有推出鮟鱇魚的菜單。當時熱賣的程度還讓「濱長」的大家以為，鮟鱇魚是專門用在西式料理上的魚，而不是日本的魚了呢！我想這下子應該已經有不少日本人都知道，鮟鱇魚在歐洲也是一種受歡迎的魚了吧？

我在去年底可是拚命剝了不少鮟鱇魚的皮——因為鮟鱇魚的魚肝身價不凡，所以「濱長」也會進另一種已經事先去除掉魚肝跟魚頭，只留下身體，稱為「身鮟鱇」的鮟鱇魚。首先要先把這些身鮟鱇的皮剝除乾淨，接著依客戶需求去除魚骨後，再送往各家西式餐廳跟中國料理店。不過今年剝鮟鱇魚皮的工作，可以說是少之又少，因為不只是國產鮟鱇魚，連中國產的價格也是水漲船高，需求當然也跟著減少。

「雖然鱸魚也很受西式餐廳歡迎，但是這個時期的鱸魚有魚卵，銷路也很不理想。畢竟身體有三、四成根本都是魚卵的重量嘛！這樣換算下來，客人買起來一點也不划算。阿真，你覺得呢？」

42　鮟鱇，臺灣日本同一種。拉丁學名：Lophiomus setigerus。

「嗯，可是啊，比目魚的銷路跟往年一樣不錯，所以我覺得應該可以不用那麼擔心吧？」

一講到十二月耶誕季的鮮魚，應該就非比目魚莫屬了。

「但要是沒飛過來怎麼辦？」

「啊，你是說前年啊，停在安格拉治的那件事啊？」

就是說啊，那一次的確是很嚴重的突發狀況呢！

阿真在很多年前開始，就有經手從北美空運過來的比目魚。畢竟國產貨的價格實在是貴到讓人望魚興嘆，就算餐廳另外訂定了耶誕大餐的價格，也還是難以負荷成本。因此阿真才想在耶誕節時，用北美產的比目魚來一較高下。但是人算不如天算，北美的比目魚並沒有在耶誕夜那一天送過來——因為當漁船航行到安格拉治的時候，比目魚早已被改裝成了鮭魚。

就連平常敦厚老實的阿真，那天早上也板著鐵青的臉孔——

「給我好好把魚送過來啊！那不就是你們的工作嗎！」

他一邊破口大罵，一邊急著在拍賣場內四處穿梭，不過更淒慘的是，那天就連中國產的比目魚也沒有，最後逼不得已，阿真只好買下國產貨當作替代品。只不過當初在收訂單時，用的是北美產的價格，國產貨可是牠的兩倍貴——中盤商因故沒有確實收到魚貨，跟客戶並沒有關係，所以我們也只好用北美產的價格，把國產比目魚送到下訂單的餐廳去。結果當然是損失慘重，對阿真來說，那也是他人生中最糟糕的耶誕節。

「難道只有日本會好好按照訂單出貨嗎……」

大老闆向絞盡腦汁地阿真提出了今年的計畫——

「所以啦阿真，那今年我們就用『大比目魚』[43]來代替比目魚，大力來促銷怎麼樣啊？而且牠又比比目魚便宜多了。」

阿真頓時啞口無言。

一提到大比目魚，大家對牠的印象都很差——大比目魚的尺寸可長到約一張榻榻米大，在漁船上就會先被急速冷凍，以塊狀的模樣送進到市場裡，充其量也只能拿來當作便宜的炸魚材料。身為情報通的大老闆，每次看到產地送來各式各樣新奇的魚，就會盲目地進貨，雖然最後的銷售成果幾乎都很成功，但一聽到這次的大比目魚企畫，也不難理解為何阿真會如此抗拒。

「可是啊阿真，大型魚本來就是這樣嘛！你想想去年從根室進來的新鮮大比目魚，

---

43 大比目魚，日名o-hyo-u，拉丁學名為Reinhardtius hippoglossoides，即一般所稱的扁鱈、庸鰈魚或星鰈，是世界上最大的魚種之一，但其實和鱈魚完全是不同的魚屬。

重量差不多四公斤左右，跟比目魚根本差不了多少啊。聽說根室當地還會把大比目魚拿來作成生魚片呢！都是因為東京沒多少人曉得新鮮大比目魚的美味，牠的印象才會那麼差啦。」

這麼說起來，去年我曾試過用昆布來醃漬大比目魚，其實味道也還算不錯。晶瑩透亮的魚身帶著淡淡粉紅，肉質不但細緻滑嫩，味道也很高雅，一點也沒有至今差勁的印象。可是啊……

「我當然也知道大比目魚的印象很差啊，光看你的表情我就知道啦。那不然這樣好了，在牌子上寫『大（型）比目魚』如何？這東西的味道不輸比目魚，價格又很便宜，就算只便宜一塊錢，我也想要讓客人可以買到經濟又實惠的鮮魚啊。」

「我知道了啦，可是就算我覺得沒問題，購買的決定權還是在客人身上啊。」

「所以啦，我們要好好大肆宣傳才行。我說阿真啊，你把嘴巴忘在家裡了是不是啊？給我好好帶著嘴巴來上班啊！」

講到最後兩人幾乎都快要吵起來了。

要讓客人購買以前從來沒買過的魚，並非是一件容易的事，例如像是去年底人氣火紅的條平鮋，我前年第一次在「濱長」看到牠時，牠的知名度幾乎可說是零。條平鮋身上帶著黑色、白色和茶色的斑點，顏色不但不起眼，就連長相也看起來很凶狠。一般味道鮮美的魚，總是能從外表就能略知一二，但牠怎麼看就是缺少了這一項特點。只見大老闆一逮到機會，就會拚命地向客人大力促銷：「這傢伙雖然賣相差了點，不過肉可是結實得很，便宜又好吃喔。」

「就算上了菜單，也沒有人會點沒看過的魚啊。」要是有客人這麼回答，大老闆就會說：「唉呦，既然這樣的話，你就跟客人說這是斑點石狗公嘛！反正牠是石狗公科的，身上又有斑點，叫斑點石狗公也沒錯啊。石狗公可是高級魚耶。這樣不就解決了嗎？」

左一言右一句的，大老闆當時每天都在不停條平鮋長條平鮋短的。直到去年，條平鮋的美味似乎終於被客人認可，現在可是熱賣得不得了。

但也有些魚不是價格不划算，就是少了那麼一點滋味，不管再怎麼努力推銷，最後也只落得無疾而終的下場。魚的世界就跟演藝圈沒什麼兩樣，有人不管多努力作宣傳都得不到人氣，只好默默消失在螢光幕前；但也有人一下子就可以一炮而紅，火紅的真正關鍵實在讓人難以捉摸。

「最後做決定的還是客人啊，社長。」

阿真在嘴裡喃喃地說。鮮魚會從河岸送到餐廳裡，但是就算餐廳願意進貨，最後關鍵還是掌握在客人的舌頭上，必須要能滿足客人的味蕾，才能造就出熱門商品。

「所以阿真啊，我就是想賭賭看啊。要是最後失敗了，下次再想其他方法也行啊。」

「反正到了明天，又會是全新的一天嘛。」大老闆又再加上了這麼一句充滿魚販風情的話。到了最後，這件事好像總算是有了結論。

我並不清楚魚河岸的過去，但是聽那些知道二、三十年前河岸故事的人說：「以前可是隨便賣隨便賺的時代呢。」看來以前的生意似乎是好賺得不得了。儘管過去真的是這麼一回事，但在我來河岸報到的這四年，我卻覺得到處都是冷颼颼的。生意雖然還是做得下去，但其實除了在河岸開店的中盤商之外，也有不少其他買賣鮮魚的業者，像是貿易公司或是採購商等等。而且像超級市場跟百貨公司這種需求量大的買家，也能像中盤商一樣直接在拍賣場購買鮮魚，根本不需要和中盤商接洽。唯中盤商才享有向大盤購買魚貨的特權，已經是古早以前的往事了。

資金比較少的中盤商，最近也開始一間一間關門大吉——就在上個月，又有一家大型中盤商倒閉了。要是在以前，就會有其他中盤商買下倒閉店家的經營權，把原本的空位置占據得一點縫隙也不留。然而，那裡到現在卻還是空空蕩蕩的，招牌不但沒有拆下，收銀機也關得老緊。被遺忘在那裡的塑膠圍裙，不斷被風吹得飄啊飄的。原本有人在裡面忙進忙出的景象，現在只剩下一片唏噓，而在那片唏噓中所呈現的，正是河岸的現況——打起精神做生意的背後，隱藏著你死我活的慘烈競爭。我帶著不寒而慄的心情，站在空蕩的店面前無法動彈。

是你死？還是我活？開發新的魚貨種類供客人選擇，就是大老闆為了生存所想出來的作戰方式。

雖然大老闆跟阿真爭論不休，但其實兩人的心情都是相同的——只要國外的比目魚能在耶誕節戰爭期間安全送達，價格又能維持在一定的水平，這樣就足夠了。如果大比目魚又能成功受到客人的青睞，那一切就更完美了。而且要是大比目魚能長銷熱賣的話，「濱長」就又能多一項招牌鮮魚。

計畫一旦定案後，大老闆就沒閒工夫再繼續閒話家常了——

「如果只是跟別人做一樣的事，這哪叫什麼做生意啊。」

他一邊嘀咕著熟練的牢騷，一邊往其他店員的方向跑去。

那，鮑魚呢？牡蠣呢？螃蟹呢？還有最適合耶誕節的大螯蝦呢？還得要趕快清洗裝活大螯蝦的水槽才行啊！唉呀，差點都忘了，今年是否要用青森產的赤貝也還沒討論完啊。

十一月都還沒過，大老闆的腦袋裡已經滿是歲末年終的事。就算我目前還只是個靠不住的見習生，看著大老闆上緊發條的背影，還是讓我忍不住雀躍地小跑步了起來。

年關將近，生意至上

十二月裡的早上六點，夜晚遲遲還未結束——要等到六點多後，勝鬨橋方向的天空才會開始染上一抹橘紅，彷彿就像是剛剖開的新鮮鮭魚一樣。智利跟挪威產的鮭魚油脂豐富，又可以做成生魚片，所以一年到頭都很受壽司店和西餐廳的歡迎，尤其一到了十二月，訂單數量更是扶搖直上。鮭魚鮮豔的橘紅，和豪華的耶誕餐桌十分相配。雖然不論是蠟燭、純白的亞麻桌巾還是銀白的刀叉，好像都已經離我很遙遠，但光是看到橘紅色的鮭魚，就能讓我的心情雀躍不已。

在波除神社前的走道上，早上會突然出現一堵柚子圍牆——裝滿柚子的紙箱緊緊沿著步道兩側，層層堆疊得比人還要高。在尚未散去的夜晚空氣裡，還散發著陣陣柚香。那是一堵在清晨誕生，當天又會隨著出貨消逝的柚香圍牆。要等到十二月二十日的冬至，驅邪避凶的茅輪出現在神社後，這堵清香的圍牆才會消失。用消災解厄、開運聚福的茅草做成的圓輪，是這座神社的名勝。從冬至到正月的期間，這座大茅輪都會擺在拜殿前，前來參拜的人可以穿過茅輪，再走到拜殿前參拜。

場外市場裡也紛紛開始出現鮮魚子，還有新卷鮭等新年的應景美食，就連平常沒在賣鮭魚的店家，也擺了好幾條醃鮭魚在店門口。雖然在我來河岸以前，早就忘記一整條的鹽漬鮭魚長成什麼樣子，但我今年可是特別花了心思，寄了少見的鹽漬時鮭回九州老家。在我小的時候，家裡每到年底一定會收到兩、三條的新卷鮭，每年都會吃到連鮭魚的臉都看膩了呢！但現在我問了母親之後才曉得，原來從前幾年開始，家裡都直接用超市的鮭魚切片來過年了。什麼東西都喜歡丟進冷凍庫的母親，這次應該也會好好把時鮭切片，冰到過年的時候再吃吧？

十二月才剛到，「濱長」就迅速地辦完尾牙，聚精會神地準備迎接歲末的戰場。要是這時候一不小心說了幾句腰痛啦、感冒啦，還是頭痛的，大老闆就會立刻激動地口沫橫飛起來：

「搞什麼東西啊！就是因為沒好好拿出幹勁來，身體才會有這麼多怪毛病啦！我可是從十一月就開始調整生活作息，注意飲食調養身體了耶。我這五十年來啊，從來沒跟河岸請過一天假咧！才幾歲就開始喊腰疼！敢再說一次這種像老頭子的話看看，小心我一拳揍飛你啊！」

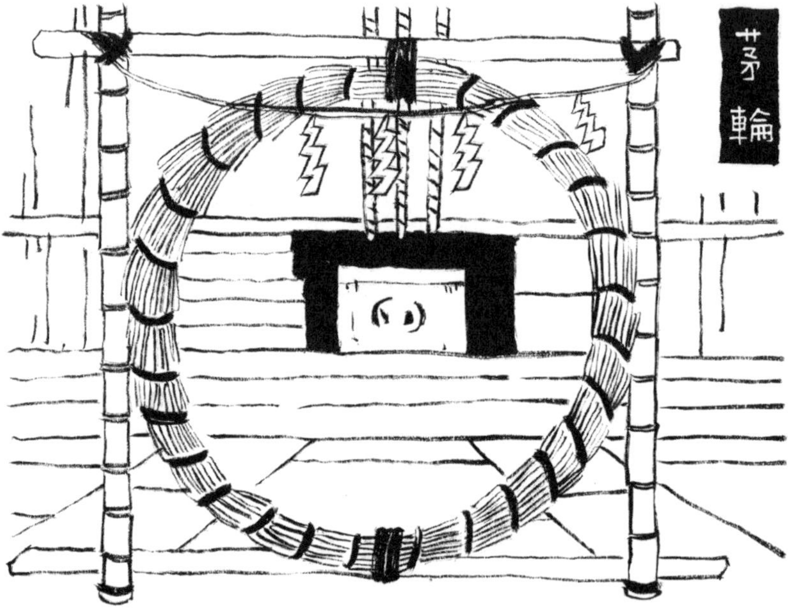
茅輪

在這段期間，大老闆反而對負責殺魚的我特別溫柔。每當我準備要動手殺背鰭尖銳的旗魚，或是牙齒像狼牙一樣尖的海鱸時——「慢慢來啊，小心不要割到手啦！」大老闆的話每次都害我差一點笑出來。上個月練習切星鰻的時候，那位說我要切個指頭才學得會的人，真不曉得是這裡的哪一號人物呢！現在會不會太現實了一點啊……

畢竟即將忙得不可開交的時節，已經近在眼前了。

在這段時間，市場內會出現巡邏的交通整理大隊——

「喂喂！交通大隊來了喔！快點把店門口稍微整理一下。那邊那個箱子！快點想辦法收起來啊！」

大家分頭把剛從拍賣場運回來，丟在通道上沒人管的箱子一個個搬進店裡，讓每個人都被箱子給擠得動彈不得。在交通大隊離開前，只好先暫時這樣忍耐一下了。

你看你看，交通大隊要來了。

「通道上的貨物已經阻礙到交通了。請立刻撤走。」

交通大隊手拿著旗幟，邊巡邏邊用麥克風向店家發出警告。雖然在等著迎接一年之中最洶湧的人潮前，他們都會提醒店家保持通道暢通，不過也不曉得這到底會有多少成效就是了。

其實過了十號以後，就是一般公司舉辦尾牙的旺季，因此在河岸休市的禮拜天還有禮拜三的前一天，業績都會是平常的兩倍，進貨量當然也變得特別多。要是箱子多到往通道上堆，或是不小心妨礙到用路人的交通時，我們也只能說一聲不好意思而已。

年終歲末的激戰可說是高潮迭起，第一波的高潮，就在十二月中旬的公休日前。那一天，阿真強壓其他活魚和貝類組別，達到今年最高的銷售成績，讓他的心情看起來挺不錯。

緊接著的第二波高潮就是耶誕節了——尤其是耶誕夜的前一天，更是忙碌到令人難以置信。

從拍賣場運回來的魚貨在這一天也比平常還要早送進來，還沒到早上五點，店裡早已堆滿了保麗龍箱。在這座照明昏暗的市場裡，只有純白的保麗龍箱讓人清晰可見，看起來就像幾根切割成四角型，緩緩冒著白色霧氣的粗壯冰柱一樣。

賣場的店員們還沒開始向帳房喊話前，店裡一片靜悄悄的，而後保麗龍箱互相摩擦的聲響，還有美工刀割下箱子塑膠繩的聲音劃破了沉默，距離開張營業已經沒剩多少時間了，每個人都在默不作聲地整理魚貨中。

喀嚓喀嚓，小富的手上傳來了扇貝的剝殼聲——小富處理扇貝資歷已超過二十年以上，是一位老手中的老手，一講到河岸的扇貝達人，小富可是第一人選。

到了耶誕節的時候，扇貝的訂單往往比平常還要多上許多。比起帶殼的扇貝，扇貝柱的訂單更是壓倒性地多。因為扇貝的貝柱呈圓球狀，所以都是用一球、兩球的來數。由於每一球大小不一，又分成一包二十一球跟一包十五球兩種等級的包裝。有一些大型連鎖店，甚至會一次下個一、兩百包的訂單。剝開北海道和三陸地區產的活扇貝，取下貝柱，再依照大小分裝入袋，這一整套步驟全部都是人工作業。

「喂！把那箱從三陸來的貨打開。你動作快一點好不好，七點前要弄好一百包，八點前還要再五十包，今天可沒時間讓你停下來休息啊！」

小富對著最近才跟在她旁邊學習的菅原大聲咆哮。不管扇貝再怎麼剝，貨再怎麼出，每張訂單都是勉勉強強趕上的狀態。小富被裝滿扇貝的箱子給團團圍住，只見她一臉鐵青地佇立在中央，不停揮舞著扇貝專用的刀子，用迅雷不及掩耳地速度剝著扇貝。

到了六點，差不多是客人上門的時候了，帳房裡的大姊們各就各位，趁著等待電話的空檔拚命整理傳票；在通道另一邊剝著文蛤和赤貝的大姊們，早已堆起了好幾座空殼山；原本負責鮑魚的木村先生面前，也堆滿了暗紅色的新鮮大螯蝦。為了怕生龍活虎的大螯蝦傷人，兩隻大螯鉗還被橡皮筋綑得老緊，牠們只好蠕動著身軀，癡癡地等著被端上耶誕夜的餐桌。當這些大螯蝦被料理好後，就會像死而復生般地幻化成橘紅，成為耶誕夜裡最豪華美味的餐點。

在熟識的壽司店老闆們接二連三地出現時，大家正在分裝整理前一天客戶們用電話或傳真下訂的貨。賣場向帳房回報訂單的聲音，頓時讓店裡開始熱鬧起來。帳房的電話聲響個不停，圓盤車噗嚕噗嚕的引擎聲從通道上出現，還有切割冷凍鮪魚的電動金屬聲，也此起彼落地從鮪魚專賣店裡傳來。而不服輸的賣場店員，幾乎是怒吼般地朝帳房大喊……所有的聲音全都混雜在一起，淹沒在河岸的驚濤駭浪之中。

熟識的壽司店老闆們也很清楚今天店裡特別忙碌，所以他們都會自動從冰水裡把星鰻或小鰭拿出來，放進袋子裡秤重，再跑去跟會計結帳，所有的步驟全都靠自己來。

客人離去的時候，還不忘補上一句：「今天很辛苦吧，要加油喔。」明明每天早上都是由我們精神抖擻地送客人離開，這一天卻全都顛倒了。

我露出「真不好意思啊」的眼神向客人示意，然後又繼續埋頭，拚命分裝要配送的魚貨。

「喂！七點多了喔！要送到四谷的魚貨準備要裝車了喔，快點通通拿出來。」

「堀田的貨還沒拿出來喔！動作快一點！」

負責配送貨物的阿德拉起嗓門提醒大家——他的喉嚨早在幾天前就被喊破，聲音聽起來沙啞無比。這也是無可奈何的事，因為十二月增加的訂單，讓送貨時間也被擠壓得十分緊迫，為了要趕在客戶指定的時間內送達，阿德連續好幾天都是扯著嗓子在大吼。

阿德的工作，就是依照貨車出發的時間，把堆在店裡等著要裝車的魚貨分類整理好。為了準時無誤地將魚貨送到客戶手裡，這對中盤商來說不但是一份不可或缺的職務，阿德也是卯足全力地在完成這份工作。記得那應該是幾年前的事了吧，有一次不小心沒趕上貨車的出發時間，阿德就帶著魚貨跳上電車，一路坐到了日光去送貨。他只穿著輕薄的工作服跟長靴抓著魚貨就往電車外衝，結果在日光迎接他的卻是一片靄靄雪景。最後阿德是全身發著抖回到河岸的。

這個時期，也正好是餐廳的旺季，所以餐廳為了節省時間人力，殺魚的需求也比平常增加了三、四倍之多。除了十一月就很熱門的舌鰨和鱸魚之外，其他要殺的還有石斑、比目魚、竹筴魚、金目鯛[44]、鰤魚、黑鯥[45]、鯛魚、幼鮪……當令的冬季鮮魚幾乎

44 金目鯛，日名kin-me-da-i，拉丁學名Beryx splendens，中名為正金眼鯛或紅金眼鯛，未曾在漁獲拍賣市場見過，臺灣目前常見的近似種產於印尼，體軀略短。

45 黑鯥（音：陸），日名ku-ro-mu-tsu，拉丁學名：Scombrops boops，中名牛尾青鯥、牛尾鯥。深海魚，臺灣基隆、東港偶有出產。

是齊聚一堂了。

然而，我卻遲遲不見大比目魚的身影——原本為了代替比目魚要大力促銷的大比目魚，現在卻完全沒有進貨。

確認訂單傳票的大老闆忍著怒火，壓低聲音問著阿真：

「喂！魚貨不足，大比目魚哩？」

「沒辦法啊，大比目魚從前天開始就漲成一公斤兩千圓了。中國產的比目魚還比牠便宜多了，所以就改掉啦。」

阿真一邊整理訂單上的貨，一邊忿忿不平地高喊著。

大老闆就沒再繼續追問下去了，他不想問，也沒有閒工夫可以問了。現在對大老闆來說，整理等著裝車出貨的魚貨才是第一。

我看了看傳票才發現，大比目魚的訂單全都被畫上一條紅線，另外改成了比目魚。雖然阿真有事先向根室要大比目魚的貨，但一切就跟大老闆之前說的一樣，每到了新年，當地人都會用大比目魚來做年菜的生魚片，所以一過了二十號以後，大比目魚的價格就開始往上飆。

用來代替比目魚的大比目魚突破了當初的預算，結果到了最後，阿真還是出了比目魚的貨給餐廳。耶誕節的大比目魚作戰雖然失敗，真正的比目魚還是平安端上了耶誕餐桌，單純以結論來看，應該可以算是戰成平手吧？但話雖如此，計畫失敗還是不爭的事實。我以前就常聽別人說魚販的生意掌握在漁獲量，還有市場行情的手上，是一種難以隨心所欲掌控的買賣，我現在已經能漸漸體會這句話的箇中涵義了。

這天的出貨結束得比平常還要來得晚，大概晚了一小時左右。而這一天也不出所料，小富負責的扇貝貝柱賣了四百公斤以上，達到今年最佳的銷售成績。如果以一粒貝柱三十公克來做計算，小富經手的一萬四千球貝柱，都端上了耶誕夜的餐桌。而原本在耶誕節就很受歡迎的大螯蝦，木村先生也賣出了將近九百條、總計約五百公斤左右……那天兩人可是被大家虧得不亦樂乎呢。

忙得焦頭爛額的耶誕節總算是平安結束了。

年末大賺一筆好過年

三十號是河岸年末最後一個工作天，這一天「濱長」裡的保麗龍箱不但屈指可數，訂單也是少之又少——那是因為熟客們早在前一天，就把該買的東西全搬走了。店裡每一個人的表情，看起來都像是鬆了一口氣的樣子。

不過前一天的情況，可是跟今天恰恰相反。

因為二十九號是最後的進貨日，客人們也都會趕在這一天來採買除夕到新年的魚貨，訂單當然也是多得不得了。

「喔呦，『吉壽司』啊，最近生意怎麼樣啊？」

「還好啦，不然要怎麼過日子啊。」

「新年也很忙嗎？」

「初一到初三的外送是還滿多的啦。」

「不錯嘛，祝你生意興隆啦。」

「哈哈哈，這下店裡的冰箱可是會大爆滿呢。」

兩個大箱子裡裝滿了鮑魚、剛放完血的新鮮鯛魚和紅魽[46]，還有扇貝、鮭魚卵、海膽等等，「吉壽司」的年末採買也就到此告一段落了。

「喂！誰快來幫忙搬一下貨！」

「真不好意思啊，明年也請多多關照啦。」

嘿咻一聲，年輕人們一齊使勁地把貨搬了出去，「吉壽司」的老闆也抱著大箱子回去了。

「新年快樂啊！」、「明年也請多多關照了。」大家一邊鬧哄哄地送熟客們離開，一邊像往常一樣整理訂單，等著把貨拿去配送。照理來說，平時這項作業結束後就可以收工了，但在這一天，還有其他工作在等著我們。

二十九號是最後一天進貨的日子，下一次進貨得要等到明年的五號——不過，有不少店家也會在新年的時候營業，所以「濱長」只有放除夕跟元旦，在三十號，還有初二到初四時，就要忙著分裝整理這段期間的訂單。這天店裡雖然已經堆滿了客人訂的新年魚貨，但是等到中午左右，大盤那裡又會陸續送來新的貨。

訂水煮章魚的店家有四十家、牛尾魚[47]有三十家、鮭魚卵有五十家……我們得要先對照傳票上註明的客戶店家和出貨日期，秤重裝箱之後，再分別用適合的方法來保存各種不同的魚貨。等到全都整理好了之後，就會運到被大家稱為「Center」，位在佃的「濱長」冰箱裡。

46 紅魽，日名kan-ba-chi，拉丁學名Seriola dumerili，中名紅甘鰺、杜氏鰤、高體鰤等。臺灣東北部海域出產，產量不少，近年成為高級生魚片的材料，養殖魚產量已凌駕於野生撈捕。

47 牛尾魚，me-go-chi，臺灣、日本都有很多種，均為食用魚，日本常見約八種，臺灣三種。

便當雖然在中午前就會送到店裡，但訂單的內容繁雜，類別又多，要是中途臨時離開就會打亂工作節奏，所以大家都是先暫時用帳房裡的仙貝、糖果，還有人家送來慰勞的銅鑼燒和肉包墊墊肚子，然後再繼續埋頭工作。

河岸的工作差不多會在四點左右結束，但是接下來，還得要把魚貨送到佃的冰箱保存，接著再繼續整理傳票──每個人都是半夜三、四點來上班，馬不停蹄地工作了十二個小時以上。正因為二十九號忙得如此焦頭爛額，所以三十號的早上，店裡不但變得空蕩蕩，大家還會露出一臉放鬆的表情。

不過實際上，三十號幾乎是沒什麼事好做，大老闆甚至還脫下了圍裙，嘴巴也難得安靜許多。只不過今天的店門口，多了許多鬧哄哄的一般客人──在場外市場購物的民眾，會趁這個時候順便踏進場內市場來逛逛，所以從昨天開始，市場裡就突然湧現了不少人潮，看來大家都知道在三十號這一天，幾乎所有店家都會舉辦清倉大特賣。

因為我想趁現在把店裡剩下沒賣完的魚給賣出去，所以看到這副景象，我默默地就開始蠢蠢欲動了起來。

大家平常接觸的客人幾乎都是行家，所以一碰到外行的一般客人，頓時都會變得手足無措。一般客人買魚的方式確實跟行家不太一樣，因為他們買魚的時候，一定會詢問一整條的價格，這時店家就必須秤重之後才能跟客人報價，客人的態度也總是猶豫不決要買不買的，要是不好好向客人說明魚的名字跟味道，就很難做他們的生意。

如果是平常內行的客人，店家只需要說「一公斤一千圓」，大部分的人就都會用目測來估算大概重量，要不要買也總是速戰速決，所以大家都覺得一般客人不但麻煩難搞，問題又很多。於是我從去年開始，就決定要站出來幫忙叫賣。而且以心情上來看，也沒人比我更適合這個職務了吧？

依照去年的經驗來看，價格必須寫得讓客人一目了然才容易賣得出去，我把剩下來的六線魚、石狗公、金目鯛和鰈魚全都裝在魚簍裡，一簍算一千圓含稅。而因為魚簍的選擇越多，客人也會挑得比較開心，所以我準備了有一種只裝同樣鮮魚的魚簍，還有混了二、三種不同鮮魚的魚簍。

在把裝滿鮮魚的魚簍擺在人潮比較洶湧的角落，才正想開始叫賣時，大老闆就天外丟來一句建議：「商品要放在跟客人視線同高的地方才對！」原來如此，說得也是呢！

好啦，萬事俱備，先來一個深呼吸——

「來喔來喔！『濱長』招牌的年終清倉大特賣要開始啦！」

平常「濱長」根本不會像這樣做生意，所以當我開始叫賣時，大家全都站得遠遠的，一邊竊笑一邊看我的熱鬧。不過我只要膽子一壯起來，就沒在跟你們怕的。我今年甚至還看了電影「男人真命苦」的錄影帶，做了好幾遍想像練習。這一次可是我是玩真的，我要在這一年的最後時刻使出渾身解數。

「來喔！不管是年菜還是今天的晚餐，活跳跳的新鮮鰈魚可是本店招牌喔！要煮要炸任君料理喔！築地破盤價一千圓！『濱長』招牌的清倉大特賣喔！」

這的確是已經是破盤價了。就在剛剛，我在跟大老闆討論一千圓的價格時，負責進貨的阿真立刻臉色一沉，想來阿真應是希望價格可以訂得再高一些才是。

「來呦！歡迎參考看看喔！像聚寶盆一樣的鮮魚任君挑選喔！」

只要有客人被叫賣聲吸引，我就會開始對那位客人集中火力詳細說明：

「石狗公可不可以用燉煮的？當然可以啊！保證好吃啦！還有啊，您還可以把牛蒡也加進去一起煮，牛蒡的香味可不是蓋的呢！」

最後再補上一句：

「建議您下刀時沿著魚鰭切會比較好煮喔！吃的時候不但比較容易挑刺，還能煮得很入味呢！」

基本上只要講到這裡，大部分的客人都會決定買了。更妙的是，只要有一位客人掏錢出來，站在遠處圍觀的人也都會紛紛上門購買，然後看到這樣的盛況，又會吸引新客人停下腳步。

「大姊！妳還滿厲害的嘛！也賣賣這些孔雀蛤吧！」

賣完了魚，接下來換一籠籠的孔雀蛤。我立刻開始在腦中搜尋叫賣的臺詞——「好啦！現在登場的是餐廳御用的孔雀蛤！咦？這位太太！你沒聽過孔雀蛤啊？這可以用白酒來蒸耶。做法超簡單的呢！把孔雀蛤鋪在平底鍋上，加入一小杯白酒，開火後蓋上鍋蓋，等孔雀蛤都開口笑之後就完成了。既然都跑來河岸一趟了，幹嘛買什麼文蛤啦、蛤蜊啦，那種去普通超市就買得到了啊。難得都來了，就買點少見的海鮮回去，吃得豪華一點嘛！也不用去買什麼鮑魚了啦，現在一籠孔雀蛤只要五百圓！在家就能吃得到餐廳味呢！歡迎各位參考看看啊！」

就連孔雀蛤也熱賣到令我難以置信。

不過除了事前看錄影帶練習成功奏效之外，我以前走訪各大市場的經驗也功不可沒。我每次去市場的時候都會守在店員旁邊，把他們做生意的模樣仔細紀錄下來，畢竟寫文章可是我的工作，隨手記錄當然是理所當然的事。或許那些採訪經驗也在現在派上用場了吧？看來養兵千日，果真是用在一時呢。

總覺得比起寫寫文章、買買東西，叫賣實在是有趣太多了，讓我興奮得不得了。

叫賣工作在一陣手忙腳亂之中結束後，工作人員便全體出動開始大掃除。即使手上拿著清潔劑跟鬃刷，剛剛大特賣的激動還在我腦海中揮之不去。一邊刷著賣場平臺上的陳年黑垢，我一邊開始思考著：做生意到底是什麼呢？

我出生在一個和做生意無關的家庭裡，出了社會之後也依然如此。我第一次跟做生意扯上關係的工作，無庸置疑就是「濱長」。雖然我的資歷還很淺，沒辦法說什麼了不起的話。但是對於做生意，我是這麼想的：

做生意的樂趣，就在於自己的工作能得到他人的認同吧！

應該要進什麼貨？自己該如何賣商品？只要能掌握到賣東西的態度和促銷訣竅，就能順利抓住客人的心。與其說客人是花錢買商品，我倒覺得客人是直接將工作報酬交給我的人物。這些不特定多數的客人，幾乎和我們都是素昧平生。能得到這些不特定多數客人的認可，開心的心情也會加倍強烈。因為客人沒有先入為主的觀念，都是和店家直接面對面之後，才會做下購買的判斷。

於是，賣方直接得到了被認可的報酬，我也是因為這一點，才覺得做生意比寫文章還要開心有趣。我至今都生活在採訪寫文章的世界裡，但讀者來自四面八方，基本上無法和他們直接面對面——明明同樣都是在工作賺錢，卻很少能像做生意這樣，正面得到讀者的回應。即使想法很幼稚粗糙，但還是能自己來思考販賣和促銷商品的方法，成果也會直接出現在眼前，這是多麼讓人興奮的一件事啊！

大掃除順利結束，店面變得清潔溜溜。在賣場的平臺上，擺出了幾個和員工人數一樣多的大空箱。接著就在此時，又陸陸續續有新的貨被搬進了店裡。大家便開始分門別類地整理這些貨，然後放進一個個大空箱裡。每個箱子裡都裝了生魚片用的鮪魚、鮮蝦、螃蟹，鮭魚卵、烏賊和章魚，還有新年不可或缺的鯡魚子、魚板、伊達卷[48]跟煎蛋卷。

「好啦，全體集合！」

聽到大老闆一聲令下後大家一擁而上，全圍在排滿了百寶魚箱的平臺旁。配送魚貨的工作人員也為了趕上這個時間，紛紛氣喘吁吁地回到店裡。

大老闆便開始向大家說起感謝詞：

「今年一年真的是辛苦各位了。因為大家的努力，才讓我們又能像往年一樣，一起分享新年的魚貨。希望明年也可以像這樣，跟大家分享美味的鮮魚。明年也要好好加油喔！」

最後以慣例的手拍子作結——

「讓我們在今年的最後，做個完美的結束吧。請借給我你們的雙手，來呦！」

啪啪啪、啪！

48 加入了魚漿的日式蛋卷。

市場內迴響著大家的掌聲。

結束後，大家便和樂融融地開始尋找掛有自己名牌的百寶箱。太好了，太好了，就算只是個靠不住的見習生，大老闆也有好好準備我的那一份呢！看來今年的新年假期又可以大吃一頓了。

於是這一年就在此結束了。

和大家一起分享美味的鮮魚，為這忙碌的一年畫下完美句點，真是讓人感到無比地神清氣爽。接下這個沉甸甸的百寶魚箱，又有新的想法浮上我的心頭——

要在河岸掛上招牌做生意，絕對不是一件簡單的事。雖然魚河岸從江戶時代就出現了，但留下來的老字號商家卻是屈指可數。一路走過明治、大正和昭和，雖然老店分家開張，或是新業者讓河岸的店鋪數量成長，但消失的店家也並不算少。還有一些店家雖然沒換招牌，不過現在的經營者跟創業人之間也不一定有任何關係。在這裡有代代相傳的老字號，也有恰好相反的商家，對河岸人而言，一心一意守護的招牌在轉眼間消失，其實也不是什麼天大的事情。這樣想想，在這盛衰無常的河岸裡，我可以在今年，還有明年跟大家一起分享鮮魚度過年末，就讓我覺得這箱百寶魚箱更加沉重了。

魚販的生意從一大早就會定出勝負，所以為了讓工作順利運作，叫罵和怒吼都是家常便飯。只要站在一旁默默觀察，就會發現每天都看起來像是在吵架一樣。店員、會計、送貨員……每到年關將近時，每個人的表情都變得凶狠又憔悴，直到最後一天的工作日結束，大家才終於能露出平常平易近人的表情。

聽說以前的河岸男人們，都會利用新年假期揪團去熱海或箱根泡溫泉，甚至還會請藝伎一起狂歡到開工日為止。不過現在已經沒有聽過這樣的故事了。從除夕到新年，大家應該都是跟家人一起圍著餐桌，度過難得的團聚時光。不知道桌上會擺出什麼鮮魚料理呢？其實河岸的男人都很愛家，為了體恤不擅長殺魚的太太，還會在那天偷偷把自己的菜刀帶回家呢！總而言之，希望每個人都能在新年假期裡，好好在家休生養息一番。

第三章
魚河岸的所見所聞

所謂的河岸

對外國觀光客而言，河岸是東京觀光景點中的一站，為了這些觀光客，築地站還特地在站內標示了引導記號，並在旁邊註明「fish market」。在車站裡，我也經常碰到外國人來問路。我想旅遊導覽書上，大概寫了這麼一句話：「建議您在清晨造訪魚市場。」在六點前的鮪魚拍賣場裡，幾乎每天都有為數不少的外國人一邊參觀，一邊露出奇妙的表情。

在「濱長」對面賣鮪魚的小安瞄著這副景象，驕傲地對我說：

「大姊妳知道嗎？這裡可是世界第一的魚市場呢！」

原來是這樣，我自己也是這麼認為——威尼斯、巴黎、上海、香港、胡志明市、大溪地……我開始一個個回想著旅途中曾造訪過的市場，的確沒有一個市場的魚貨量能和築地並駕齊驅。

平成十三年度（二〇〇一）的水產交易量約六十三萬六千噸，相當於五千六百六十二億圓。原則上河岸固定禮拜天休市，一個月還有兩個禮拜三會休息，扣除掉這幾天平均換算下來，一天的交易量就有兩千三百噸，相當於二十一億圓。不過這些數字只是平均值，平常有些日子還會有更多的魚貨量和金額在流動。這些數量和金額數字，簡直就是無止盡地在成長……就像小安說的一樣，築地市場的確是水產交易量世界第一的魚市場。

「河岸」一詞誕生於江戶時代的日本橋，由於魚市場是從日本橋旁的河岸誕生，於是就稱魚市場為鮮魚群集的河岸，又簡稱為「魚河岸」，最後則變成了「河岸」。雖然東京的足立區和大田區也都有魚市場，不過那裡的市場並不叫作「河岸」，只有從江戶時代傳承下來的築地魚市場，才擁有這樣一個別名。

不過，現在也會有人拿「河岸」這個稱呼，來泛指整座築地市場。若是以這種概念來看河岸，位在外面，一般客人也能閒逛購物的市場稱為場外；位在裡面，以餐廳業者或魚販等內行人為主要客層的市場則稱為場內。這樣分別的稱呼有兩種說法：一說是由於裡面的市場被圍牆跟建築物包圍，因此稱裡面為場內市場，外圍則稱場外市場；而另一說，則是因為以前場內市場被稱為「本場」，故「場內」及「場外」是為了區別「本場」的內外才有此稱呼。

我平常工作的地方在場內市場，正確來說，應該是在東京都營運的「東京都中央批發築地市場水產部」。

場內市場的面積約為七萬坪。其實一般應該用平方公尺來表示會比較恰當，不過我自己必須要用坪來解釋才會比較有概念——一坪等於兩張榻榻米大，這樣來想的話，就能大概想像其占地之廣。不過這樣算起來，七萬坪就等於十四萬張榻榻米耶！我實際體驗過的空間大小頂多只有六張榻榻米，三坪左右的大小而已。因此，在這裡用對照比較的說法或許比較快些。

所謂的七萬坪，大約就等同於六個東京巨蛋，或者是兩個金澤兼六園，就連岡山後樂園跟水戶偕樂園也都裝得下去。雖然我還想再誇耀一下市場的寬廣，但是大阪的環球影城比場內市場大兩倍，跟豪斯登堡或迪士尼樂園就更不用比了。我實在是很討厭那種遊樂場所——只不過我討厭的理由，只是因為那三個地方我都沒去過，心裡很不是滋味罷了。

不論如何，相當於十四萬張榻榻米大的場內面積，我還是覺得非常大。

在場內這座扇形的建築物裡，大約林立了九百家以上的水產批發店，我所在的「濱長」也是其中一間。隔著一條貨車穿梭來回的時鐘臺通，這棟和水產相關的建築物對面是一座專營蔬果批發，通稱「果菜市場」的建築物。而在這棟建築物的後方，則排排佇立了「大都魚類」、「中央魚類」、「東都水產」、「第一水產」等一共七間，被河岸人稱為「大盤」的公司。

當我來到河岸不久，我就了解擺在「濱長」的魚，「都是從拍賣場上買來的」。簡單來說，就是有一群人或集團，專門負責在拍賣場裡賣魚。「濱長」每天早上採購的魚貨量已經很不得了了，但是在拍賣場賣魚的這些人或集團，可是經手了比中盤商還要更大量的商品，而這些集團，就是被河岸人稱為「大盤」的公司。只是跟九百間以上的中盤店家相比，河岸的大盤商僅僅只有七家，想想之前所提到的築地水產交易數量，就可以想見這些大盤商的規模之大。

流通在河岸的商品，會先從產地送到大盤集中——因為大盤商的權責，就是向產地下單調度魚貨。順便一提，從產地出貨給大盤的集團，在河岸則是被稱為「貨主」。

從貨主手上送到大盤的商品，會在拍賣場上進行交易。接下來，中盤商就會向大盤購買商品，再運回各自的店鋪裡。再接著為了讓客戶能夠方便購買，中盤商在販售商品前，還會先進行分裝整理的作業。這裡所提到的客戶，指的就是餐廳、魚販或是超級市場等零售業者。

換句話說，河岸的運作流程就是：產地↓大盤↓中盤↓零售。

但是這流程並不是市場的全部，除了中盤商之外，場內還存在另一種俗稱「交易參與者」的集團。例如像是大型超市、百貨公司和加工業者這些需求量比較大的集團，都能夠以「交易參與者」的身分，在拍賣場上直接購買商品。現在這些集團的交易量，在河岸也占了相當高的比例。

除此之外，還有一種介於中盤與零售之間，俗稱「納屋」的集團。他們是以代理商的身分向中盤購買魚貨，再輾轉供應給合作客戶，上至醫院、公司餐廳和學校營養午餐中心，下至一般餐廳或小餐館，不少業者都會委請納屋幫忙代購。

附帶說明，目前為止提到的貨主、大盤、拍賣場和納屋等等，都是平日我習以為常的稱呼。正確來解釋，大盤就是「經銷商」、拍賣場是「批發地點」，納屋則是「代理商」。不過像是大盤或是拍賣場等叫法，不但比較容易向讀者傳達其工作內容，也是我平常耳熟能詳的稱呼，所以我在書裡就直接使用這樣的名稱。

然而在拍賣場裡，並不是所有魚貨都是經由競標來交易。就像先前所提到的，築地市場一天平均的水產交易量高達兩千三百噸，不管有多少時間，也不夠用來競標如此大量的水產魚貨，因此除了鮪魚、海膽、活魚、鮮蝦、偶爾還有烏賊等會進行競標外，其他大部分都是直接當面交易。所謂的「當面交易」，就如同字面上的意思，不用透過競標，而直接跟大盤議價購買。

自從我來到「濱長」後，我總是習慣跟在負責近海鮮魚的阿真旁邊打轉。只不過因為阿真是負責近海鮮魚，所以他並不會參與競標。

還不到清晨五點，中盤商們就手拿著採購清單，將鉛筆插在耳際，露出嚴肅神情穿梭在拍賣場裡堆積如山的魚箱之間。每個人的頭上，還戴著一頂會弄亂帥氣的髮型，但是礙於規定不戴不行的「拍賣帽」。這頂被稱為拍賣帽的鴨舌帽中央，掛有等同於中盤商身分證的編號名牌。只有頭戴拍賣帽的人，才有資格向大盤購買商品，是一頂可以和水戶黃門印籠[49]相匹敵的帽子。所以在拍賣場上，人人頭上都會戴著一頂鴨舌帽。

產地送來的魚貨商品，會在交易前一天的下午兩點過後抵達河岸。貨車會在此時接二連三地聚集到河岸周圍。不過說到了產地，其實日本現在也進口了許多來自世界各地的鮮魚，以鮪魚為首，還有來自紐西蘭的鯛魚、中國或美國產的比目魚，還有中國的星鰻跟蛤蜊等等。所以現在所謂的近海鮮魚，正確地說，應該是來自世界各地的「近海」

49 古時用來裝印章，隨身攜帶的小盒子。高官顯貴會在外盒刻上家紋，來顯示不凡的地位。日本長壽電視劇「水戶黃門」中，被稱為水戶黃門的德川光圀（國）就會拿出刻有家紋的印籠以示身分。

才對。

也因此，魚貨除了會用貨車從日本各地送至河岸外，有些魚貨則是會先用空運送到成田或羽田機場後，再用貨車轉運到拍賣場裡。

動作快的中盤商或交易參與者，會在半夜十二點左右就聚集到拍賣場裡物色中意的商品。而「當面交易」也會早早在此時展開，讓拍賣場逐漸熱鬧起來。凌晨三、四點的拍賣場，就開始被管理商品的大盤，還有參與競標的人鬧得喧囂吵雜。

接著鈴聲響起，競標在五點左右正式開始。

而已經被當面買下的魚貨，就會在這時候陸陸續續被運往中盤商的店鋪。

六點過後，店家紛紛擺出商品，前來採買的客人也早就開始現身。

大概早上十一點左右，準備打烊的店家開始收拾店面。下午一點過後，人群三三兩兩地離開拍賣場和市場，差不多到了下午三點，場內市場就會變得一片安靜無聲。不過在這個時候，載著魚貨商品的貨車又陸續抵達正門停車場，隔天的運作再次開始進行。

這就是河岸一整天的運作流程——一天二十四個小時，隨時都有人在忙著工作。

另外在河岸這裡，還有很多五花八門的設施場所，像是負責配送貨物，搬運業者的設施建築，還有因應大量冰塊需求而出現的冰塊販賣所；販賣菜刀、砧板、長靴、工作服、包裝材料、磅秤、拖行大型魚類的鉤子、夜間作業時不可或缺的手電筒、計算機和傳票紙等等，凡是工作相關道具都應有盡有的店家；也有專賣茶葉、海苔和配飾用蔬菜的商店，讓大家在採購魚貨之餘還能順便購買；還可以在各式各樣的餐飲店裡品嘗壽司、定食、西餐、蕎麥麵、牛肉蓋飯、輕食點心跟串丸子等等，好好祭一祭五臟廟。另外也因為市場內常有意外事故發生，所以在這裡也有藥局跟診所。更有讓人擁有發財夢的彩券行，再外加上銀行跟郵局、理髮店，各式料理食譜一應俱全的書店；跟魚或魚河岸相關藏書特別豐富的圖書館，祭祀了河岸的守護神——水神的神社，甚至連旅館和小規模的水族館都有。

在這占地七萬坪的河岸裡，每天大約有超過五萬人在這裡進進出出；其中約有一萬人都是在這九百多間水產店裡工作。河岸裡的設施跟流動人口，幾乎可以形成一座小城鎮了。

河岸的制服

如果在清晨往築地站的電車裡，出現了就算是大晴天，腳上也穿著長靴的乘客，大概就可以判斷他是要去河岸採購的人；要是當電車快抵達築地站時，他開始把看完的報紙摺得小小，然後不假思索地往長靴裡塞的話，那他可是採購資歷相當長的老手。因為長靴在河岸兼有收納功能，是一雙被視為至寶的鞋子。

附帶一提，清晨的拍賣場上要是出現右腳長靴上掛著鐵鉤，左腳長靴內塞著手電筒的人物，那他肯定是要參加鮪魚競標的人。因為鐵鉤是用來移動大塊頭的鮪魚，手電筒則是為了在昏暗的拍賣場內，仔細觀察鮪魚肉質不可或缺的道具。在這裡，長靴也發揮了鞋子之外的功用。看來這還真是一雙相當重要的鞋子呢！

話題再回到清晨的電車。像這樣腳穿長靴，坐電車來河岸的大部分都是壽司店的人。而且絕大多數都是白髮蒼蒼，年紀不小的男性。大概是因為壽司店的採購進貨，基本上都是由店老闆親手包辦的關係吧？大家大都身穿運動夾克之類的輕鬆打扮，然後絕對不會搭電梯，每個人都是活力十足地爬著樓梯。

而且絕大部分的人，手上還會提著竹編的大籃子。如果仔細觀察每家的竹籃子，就看得出它們和主人年紀還有長靴一樣，都留下了相當長的歲月痕跡。上面甚至還貼了修補裂縫的封箱膠帶，以對抗天天被重物摧殘，不堪負荷起身造反的竹籃子。

另外為了不要跟其他店家的竹籃子混淆，上面還會用粗麥克筆寫下黑抹抹的店名——因為當大家忙著挑魚貨的時候，都會順手把竹籃子放在店裡，有時候還會拋下竹籃，跑到賣配飾用蔬菜的店家，或是鮪魚專賣店裡買東西。等到他們又繞回店裡來的時候，就會發現店裡排排站了兩、三個一模一樣的竹籃——不但外觀一樣，就連籃子裡的東西也差不了多少——這樣的場景不知道已經在「濱長」裡上演了多少次了。所以為了不要引發麻煩，前人才想出在竹籃上寫下店名的妙計。

「他們每天早上都是睡眼惺忪地來到河岸，再扛著重得要命的魚貨回去——裝滿鮮魚的竹籃可是重得很喔！不過大家全都是作好了覺悟，才會親自跑來河岸一趟。畢竟這可是關係到身為專家的尊嚴呢！只要想到砧板上的鮮魚都是自己費盡千辛萬苦，親手挑選出來的魚貨，處理起來當然就會小心謹慎許多，對自己的料理也會更有自信。這就是專業壽司師傅跟那些蝦兵蟹將的差別啊！」

大老闆曾經說過這麼一番話。

就連我也感覺得出來，那些註明了自家店名，受盡風霜的竹籃子裡，似乎都潛藏了師傅們的職業精神。

在批發店裡，不論男女都一定會穿著塑膠長靴。女性穿的長靴有藍色、黃色和紫色等繽紛的樣式，而男性絕大多數都是黑色。我會選擇穿上黑色長靴，只是因為我覺得黑色看起來最帥氣而已。

在這種與水為伍的工作環境下，賣場的男性店員們大部分都會穿上塑膠或橡膠製的防水圍裙，這種圍裙不但長至腳踝，還能依照身高來調整腰間長度，寬幅的大小也能完整包覆整個腰際。接著再套上塑膠長靴後，就算水潑得再怎麼大也不怕了。

不過如果是負責活魚的店員，接觸水的機會就更大了——一到冬天，店員們還會穿上防寒衣來工作，因為他們隨時都要與水槽相伴，還要把整條手臂泡在水槽裡撈魚，所以才會穿成一副像是要去衝浪的打扮。其中還有人會穿著藍色或是粉紅色，特別訂製的華麗防寒衣上班，站在昏暗的河岸裡，簡直就像盛開的花朵一樣。看著店員身穿防寒衣，制伏掙扎暴動的活魚時，真的是讓我既嚮往又崇拜。不過就連鮮魚也搞不定的我，大概也只能摸摸鼻子，把這份嚮往的心情就此打住。

穿在圍裙裡面的防水背心附有好幾個口袋，裡面通常都會放有傳票、筆記用具、MEMO紙，還有手機、糖果、口香糖和香菸等等，東西多到怎樣都不夠放。而手機更是其中的必備用具，像是催貨、接收臨時的訂單、連絡送貨人員，有時候還要打給熟客morning call……要是沒有手機，真的會讓中盤商很難做生意。

身穿防水長靴和長圍裙，一邊用脖子夾著手機聯絡事情，一邊忙著分裝整理魚貨。這就是現代魚販的穿著打扮。

那麼話說回來，以前的河岸人又是以什麼模樣在工作呢？

魚河岸的打扮

以前有一位筆法犀利又有趣，名叫三田村鳶魚的江戶學學家，雖然他現在已不在人世，但依舊留下了許多考查江戶時代的相關著作。其中一本《江戶之子》，就有介紹江戶河岸男子們的風俗習慣。

江戶的河岸不可能會鋪上水泥地板，所以道路隨時都是一片泥濘，只要雨下久一點，一般草鞋跟雪地草鞋根本發揮不了什麼作用，所以河岸的人都是穿著木屐在工作。那些木屐的木屐帶，還會特別換成從關西送來的皮革帶。書中還寫道：「腳穿以上好的細紋桐木為台，而以櫸木為齒的木屐。」畢竟在河岸工作的，個個都是活力十足的男子，所以他們也會踏著嘰叩嘰叩的木屐聲，走在城鎮的大街上。不久之後，木屐就被視為流行時尚的打扮，不光是魚販，江戶的愛美人士也開始偷偷穿起木屐，當然連大晴天也不例外。這麼說起來，在歌舞伎名劇中，助六大鬧吉原的那一幕，他的腳上不正也穿著木屐嗎？

身為江戶流行文化發源地的河岸，除了木屐之外，其他還有像是束髮方式，在和服裡多穿一層紅色中衣[50]等等，城裡的人都開始爭相模仿，成為江戶的流行打扮。

仔細看看浮世繪等傳統圖畫裡，那些在大雜院裡殺著初鰹的場景，周圍總是聚集了圍觀的老闆娘和年輕女子們，而且個個都看起來對初鰹興致勃勃的樣子。在那種沒有電視的時代裡，彷彿就像附近鄰居變成了偶像明星一樣，不禁讓人看得會心一笑。

在現在的河岸裡，其實帥氣有型的男孩子也不算少，就連「濱長」裡也有好幾個型男呢。下次經過我們店門口的時候，記得過來探頭看看啊！

迷路就回「起點」開始

地下鐵的大江戶線和日比谷線是離河岸最近的電車路線——大江戶線的出口離場內市場的正門較近，而日比谷線的出口則是可通往海幸橋側的入口。

海幸橋的東側是場外市場，一般人也可以在那裡購買蔬果及海鮮，此外還有許多販賣料理用具，以及跟飲食相關的店家。其實這一帶在過去，是聚集了築地本願寺下院的寺廟街。雖然在魚市場遷移到築地之後，有不少寺廟都搬到了郊外，但現在還是有一些寺廟仍留在這裡，甚至還有店家會向寺廟借土地做生意……儘管這條街的模樣已經變了許多，但不論是寺廟街還是市場街，這裡從過去開始就是這樣熱鬧非凡。更何況自從大江戶線興建完工後，前往場外市場購物的民眾大幅增加，在天氣好的星期六裡，這裡更

50 介於內衣與外衣之間的內搭服飾。

是人滿為患到連走路都有困難了。

剛開始來河岸時，什麼都覺得新鮮的我，還會故意變換不同的通勤路線，但是時間一久，我彷彿變得像野獸一樣，會反射性地往習慣的路線走。從日比谷線的築地站出站後，我會斜斜穿過築地本願寺境內抄近路，然後在越過晴海通的時候斜眼望向波除神社，「希望今天也會是個美好的一天。」一廂情願地許完願望再渡過海幸橋。

每當我開始對前往某地的路線感到習以為常時，就會覺得目的地變得越來越無趣。但奇妙的是，在前往河岸的路上，我從來不曾感到無聊過，就算那一天再怎麼鬱悶，只要一過了海幸橋，心情立刻就會變得豁然開朗。

不過要是一不小心在這裡分了心，可是會一頭撞上其他東西。海幸橋旁的廣場上停了好幾臺壽司店的貨車，圓盤車、機車、腳踏車和行人穿梭其中，往各自的目的地匆匆前進，看起來根本毫無秩序可言。買家都想盡快把採購好的魚貨送回店裡，賣家也為了趕上客戶要求的時間，拚命催著圓盤車的引擎。所有忙碌最晚會在十點左右結束，在此之前根本沒有閒下來的空檔。

「大姊，妳新來的啊，幹嘛邊走邊東張西望啊！」

儘管會被河岸的人調侃，但為了避免一路上撞到任何東西，我一進入廣場，便繃緊了所有神經在移動。

我的目的地「濱長」，就位於佇立在波濤洶湧的廣場前方那棟巨大的建築物裡。這棟建築物於昭和八年（一九三三）竣工，至今已度過了七十年的歲月時光。日趨老朽的程度，就算稱它為歷史建築也不奇怪。通往二樓辦公室的鐵樓梯上布滿暗紅的鐵鏽，甚至還破了一個大洞，當幾個身材壯碩的人接二連三地爬上去時，真的讓人看得心驚膽顫。

一進到這棟建築物裡，立刻就會聽到圓盤車的引擎聲，保麗龍箱嘰嘰作響的摩擦聲還有刺耳的電動鋸子聲。我第一次來到這裡的時候，也曾被電動鋸子的聲音嚇得魂飛魄散。我還想說，只有在建築工地或砍伐森林的現場才會聽到的聲音，怎麼會出現在這座魚市場裡？不過這個謎團馬上就解開了——因為店家正在用電動鋸子切割硬梆梆的冷凍鮪魚。

這裡的人聲出乎意料地少——「來喔！歡迎光臨歡迎光臨！」在這座魚市場裡，幾乎完全聽不見這種熱鬧的叫賣聲。要是有熟客上門，頂多就是「早安」或「謝謝光臨」這種簡單的招呼，談起生意都是放低音量在交談——這就是河岸的風格。如果是沒見過的客人，除非對方主動開口攀談，店家也只會瞧一眼而已。

不過，熟知過去河岸的人卻說了這麼一句話：

「現在的大家已經親切多了啦！都變得會打招呼了啊。」

「我第一次來河岸的時候啊，還被打擊到不曉得自己做不做得下去呢。」

納屋「三和」的大哥，開始回想起十年前的河岸——「三和」的工作，就是把從河岸買來的魚貨批給餐廳。他們不但知曉各家餐廳的菜單和喜好，也能確實依照客戶的需求來採購，對餐飲業來說是一個重要的存在。所以「三和」的大哥每天一大早，就會跑來河岸購買各式各樣的魚貨。

「因為有客戶要買黑鮪魚的幼魚，我就伸手稍微摸了一下魚，結果店員竟然狠狠地敲了我的肩膀，叫我不准碰呢！只是摸一下就碰到這麼恐怖的事，真的嚇得我不知道該怎麼辦才好。」

「現在像小鰭這種魚啊，不也是直接把手伸進水裡挑嗎？以前要是這樣挑啊，肯定會被店員潑水趕呢！」

原來如此，原來如此。跟以前相比，現在只要一成為熟客，還會把這裡當成自己家一樣。例如夏天的時候，為了保持魚的鮮度，熟客們在回去的路上，會自己把店裡的冰塊塞入袋子裡；或是自動把星鰻放在磅秤上，一一挑選滿意的大小和重量，愛怎麼挑就怎麼挑。不過在我看來，其實都是店員服務太糟糕的關係，因為那些事都不應該讓客人自己來做啊！

「總而言之啊，現在已經比以前好太多了啦。」

畢竟在江戶時代時，河岸是因為德川將軍的同意，才會開始出現買賣活動。據說河岸不但掌管了「將軍大人的廚房」，有些河岸人還擁有稱姓帶刀的特權。要是大八車[51]上載了將軍的御用魚貨，甚至能直接橫越大名的遊行隊伍。或許就是因為這樣的尊嚴，連綿到現在的河岸了吧？

說不定大家其實都想擠出笑容，對客人說「歡迎參考看看啊！」只是他們都做不出來而已。畢竟從河岸的傳統來看，他們從來沒有接受過這樣的指導，所以最後才會變得這麼惜字如金吧？其實河岸的大家，都是一群心地善良的人。

場內市場裡總共有九百多家的批發商店，每家店都像棋盤上的格子一樣，緊緊地排列在通道兩旁。如此龐大的店家數量，似乎很容易就會在這裡迷路的樣子；但實際上，每條林立了店家的縱軸跟橫軸通道，都有各自的符號代稱。照這樣來看，其實就能大致了解市場內的結構。像「濱長」是位在第七通道，「ロ」排的第一百多號。如果只用店

51 木製的人力板車。

名詢問在場內工作的人，對方大概會滿臉疑惑吧，但是只要知道通道跟編號，大家幾乎都能曉得大概的位置。只要把這些符號，想成是河岸專用的地址就行了。附帶一提，抬頭往通道上面看過去，就能看見用來代替門牌的符號招牌。

接著再來談談建築物裡縱橫交織的通道——這些通道雖然看起來像是直線延伸，但實際上是呈現巨大的彎曲形狀。如果畫成俯瞰圖來看，就可以發現這棟建築物就像是把少了扇軸的摺扇一樣。

這棟建築物之所以會這樣也是昭和時代所留下來的禮物——以前都是用貨運火車來載送魚貨，但這塊土地卻不夠用來建造直線的鐵路，為了讓連綿的火車能停在林立了商店的建築物旁，才會配合弧型的鐵路路線蓋成巨大的彎曲形狀。而當初火車月臺的位置，就是現在鮪魚和鮮魚的拍賣場。由於月臺的高度差也保留了下來，所以走在那裡時必須要格外小心。

店家的單位跟棋盤上的方格一樣，以一格為最小的單位。全部雖然有一千六百七十七格，但是像最大的店家一次就占下了十八格，所以總共算下來才會變成九百多家店。

每一格的大小平均約為七平方公尺——我會用大約的平均值來表示格子大小，是因為這棟扇形的建築物，是用直線來切割分格。如果用直線來切割扇形，接近扇軸的部分一定會比較小，前後和外緣部分會比較大，所以就會造成一格最大會有八平方公尺多，

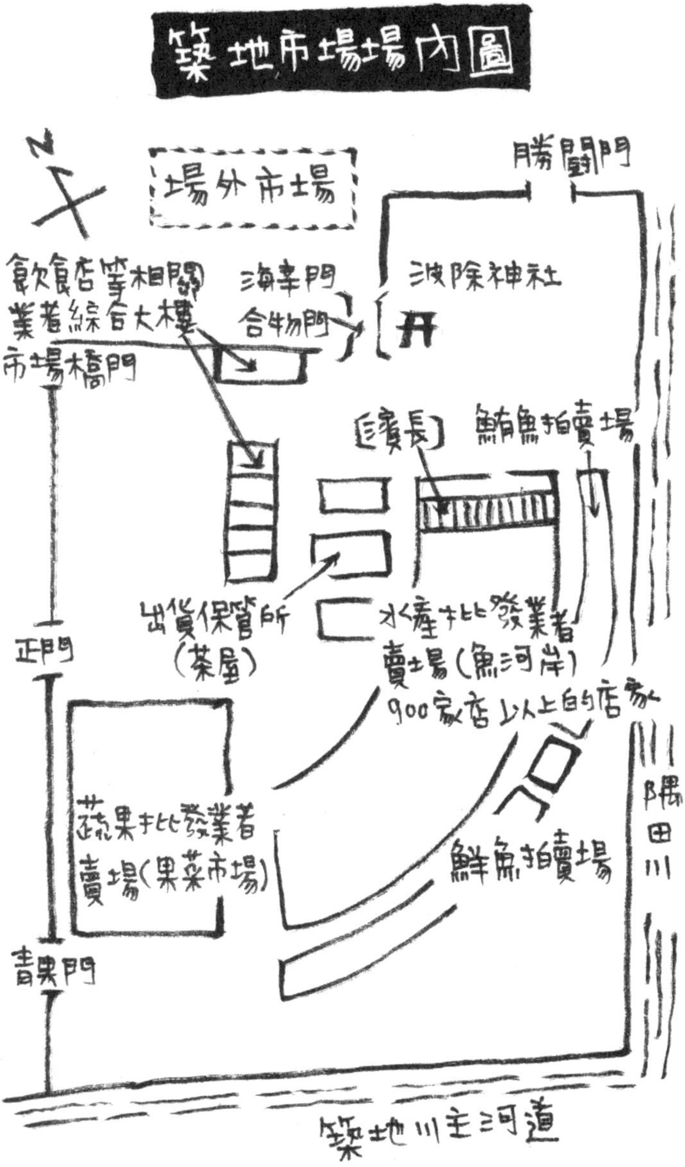
築地市場場內圖
場外市場
勝鬨門
飲食店等相關
業者綜合大樓
海幸門
合物門
波除神社
市場橋門
[濱長]
鮪魚拍賣場
出貨保管所
（茶屋）
水產批發業者
賣場（魚河岸）
900家店以上的店家
正門
蔬果批發業者
賣場（果菜市場）
鮮魚拍賣場
隅田川
青果門
築地川主河道

最小則是六平方公尺左右，用平均值算下來，一格就會是七平方公尺了。

不過，大小不一的格子對店家實在是有欠公平，所以在二戰後，當中盤商要進駐河岸設店時，都會用抽籤來決定位置。而且令人驚訝的是，當時每四年一度，河岸都會重新抽籤，更換所有店家的位置。店家會利用公休日換位子，差不多要花上兩天時間才能全搬完。聽說將近一千家（以前的店家數量也很多）的批發商店一起總動員移動時，簡直是鬧得全河岸雞飛狗跳一般。

我會寫得像是很久以前的往事，是因為平成七年（一九九五）換完位子後，河岸便決定在整座市場搬遷完成前，暫時停止更換店家的位置。不過在最近這幾年，倒是傳出了要再度抽籤換位子的傳言啦……

說到令人在意的店租價格，以目前平成十三年的現況來看，一個月每平方公尺是兩千五十圓。若用平均值的七平方公尺來計算，一家店的租金每個月大約是一萬四千三百五十圓。雖然租金只包含一格能遮風避雨的空間，店鋪內的裝潢設備是由各家店自己準備，但一想到這裡可是銀座附近的黃金地段，這樣的租金簡直便宜到了極點。

如果想在河岸開店，必須要符合許多條件——像是需要有五年以上市場買賣業務經驗之類的；不過資金的部分，只需要準備一千萬圓即可。這就像是在東京租房子，需要事先付給房東的保證金一樣吧。

但除了要準備繳納給東京都的保證金之外，還需要事先取得營業許可的權利。簡單來說，要是有哪家店關門不作了，必須要請對方將營業權轉移過來。而這個費用，就會受到景氣的影響而作變動。

「以前泡沫時代的時候啊，一格就要一億圓……不對，應該有兩億圓吧！」

這是在河岸盛傳已久的傳言。

「就算現在泡沫時代已經結束，也還是得要花個兩、三千萬。」

大家這麼說道。

雖然營業權只要有錢就可以取得，但實際上現在流通的結構已經產生改變，不是新來的獨立商店可以隨便碰的生意，就連東京都也不鼓勵獨立業者進駐河岸開店。

看來，河岸的批發商店，未來似乎只會有減無增了吧！

改變河岸的風情

如果用日文片假名來寫，就是「イロキニカヘトクリ」。

「要死背的話，我建議妳直接背『邊嘴喜仁嘉平斗九里』比較好啦。」

店裡的年輕人跳出來說。

「嗯，我寫下來了，人家已經都記住了啦。」

最近剛加入帳房的新人會計——和代，得意洋洋地從牛仔褲口袋掏出了筆記本。在筆記本裡，用了可愛的圓圓字體寫著「イロキニカヘトクリ」，和「邊嘴喜仁嘉平斗九里」兩行字。

和代正式上班的第一天，就穿了一身涉谷街頭的黑辣妹打扮，把每個人都嚇壞了。不過轉眼之間，她很快就融入了河岸的文化，展現出可靠的大姊風範，備受大家的期待。只是，在登上帳房女王的寶座之前，無論如何都得要先記好這些暗號才行。

其實剛剛所說的暗號，都是「濱長」用來表示鮮魚價格的符號。

一＝イ、二＝ロ、三＝キ、四＝ニ、五＝カ、六＝ヘ、七＝ト、八＝ク、九＝リ。

但是，這些符號可不是只有這麼單純而已。為了預防其他人聽出內容，這些暗號之中文隱藏了更複雜的設計。

「イ」這個日文字，其實是來自漢字的「人」字邊，所以「イ」＝「邊」；而「ロ」這個字看起來就像漢字的「口」一樣，因此「ロ」＝「嘴」；接下來的「キ」～「ク」（三～八），則是在下面多加了「助（スケ）」來作混淆。像是「喜助（キスケ）」或「平助（ヘイスケ）」，「ク」則是轉化成「九助（キュウスケ）」，最後的「リ（九）」

就變成了「里衛門（リエモン）」。

這種八念成「九助」，數字的九[52]又念成「里衛門」的變法，該怎麼講呢，就是變形得很混亂。

當一筆生意順利成交後，賣場店員朝帳房大喊的「嘴嘴」，就是在說「兩千兩百圓！」「邊邊」是一千一百圓、「邊里」是一千九百圓、而「喜助」則是三千圓……會計必須要在瞬間內，把暗號轉化成數字登記在傳票裡。

另外附帶說明一下，因為河岸的買賣都是以公斤為最小單位，所以這些暗號指的都是一公斤的價格。每當客人買好東西後，賣場店員就會像這樣大聲地朝帳房嘶吼。

「客人結帳！信濃町六線魚三公斤！邊嘴！」

「雷門老闆！星鰻兩公斤！里衛門！」

回報價格的規則，就是必須從店名、魚種、數量、每公斤價格這樣照順序喊才行。如果對方是來往很久的熟客，就是報店家地址的街名。聽大老闆說，這是為了預防其他客人知道哪家店買了什麼東西，然後又買了多少，才會決定這樣喊的。不過在熟客之

52 日文中數字的九有兩種發音，一為「ク」，一為「キュウ」，因此濱長的八卻變成了九，而九則又有另外的變化。

間，彼此也都是「雷門老闆」、「旭丘老闆」這樣來稱呼對方，所以這應該也算是一種習慣了吧！

每家商店的會計人數都不太一樣，有的店家是只有老闆娘一個人在管帳，而「濱長」的帳房裡，男女加起來總共有四個人負責結帳，另外還有四位女性負責接電話。

負責結帳的人員會排排站在帳房裡的小櫃檯前，他們眼前的櫃子裡，分門別類地擺放著三百家以上，各家客戶專用的傳票紙。只要他們一聽到賣場傳來的店家名稱，就必須火速將正確的傳票抽出來，一手記下購買數量和每公斤的價格，一手按著計算機，算出金額後寫進傳票裡。

「濱長」經手的商品包括活魚、各種鮮魚、海膽還有貝類等，水產種類遍布各個領域。除了鮪魚跟鰻魚之外，幾乎可以說是一應俱全了。這些各式各樣的鮮魚大致上被分成八大類，賣場內都各自有專屬的人員在負責。由於鮮魚的種類不但繁多，每一天的進貨價格也都不太一樣。因此除了各個負責人之外，大家幾乎都不太清楚其他種類的鮮魚價格。

所以當客人要同時購買貝類跟活魚時，必須要跟各自的負責人講價，各負責人也會迅速地將買賣內容回報給帳房。

店內的工作分配非常有條不紊——帳房就是掌管好每一位客人購買的總金額，結帳的部分也是由帳房來負責；而賣場人員則是碰不到金錢交易和價格的計算，只需要全心全意地賣商品就好。

然而，帳房可不是普通地忙碌而已——帳房跟賣場之間的對話，大概會在七點到九點這兩、三小時之內開戰。從賣場那端會飛來像機關槍一樣快的聲音，所以帳房內的每一個人，都是緊緊靠在櫃檯，全神貫注地豎起耳朵。

雖然規定是要先從店名開始回報，但有些店員會怕把數字忘記，就會急著先把購買數量給喊出來。不過這樣一來，帳房的人就必須先將數量記在一旁的便條紙上，再焦急地等待客戶的店名。這宛如機關槍的節奏要是稍微出了一點差錯，環環相扣的順序就會頓時停滯，出現大混亂的狀態。這時就會聽見帳房傳出歇斯底里的怒吼聲——

「搞什麼東西啊！店名！從店名開始！」

「信濃町然後呢？聽不到啦！」

平常待人和氣的大哥大姊們，也會在這個時候化身成凶猛的厲鬼。

從日本橋魚河岸開始運作時，使用符號的習慣大概就已經存在了吧！

在一些寫到明治時代魚河岸的書籍裡，都有介紹這一句「イロキヨカろヤ矢へ（一二三四五六七八九）」，這是當時河岸的一般通用符號。另外還有像「アサイチワニギヤカ（清晨早市鬧哄哄）」這種內暗號。所謂的內暗號，就是只有店家自己通用的專屬暗號。

就我所知的幾個店家，都會用他們的內暗號組合成簡單的句子。

生意買賣滿幸福（アキナイノシアワセ）

清晨一早迎福氣（アサノマニフクキタル）

金銀寶船入港灣（タカラブネイリコム）

和樂融融相見歡（ワキイデルミタカラ）

這些文章的內容大多是些吉祥話，不過也有店家會拼湊成淺草俠客的名字，例如像是「花川戶助六（ハナカワドスケロク）」。

而「濱長」的內暗號，應該算是一般暗號的變形吧？如果把店裡的內暗號依照「濱長風」來作組合，特意混雜幾個漢字進去的話，就變成了這句「改變河岸的風情（色気に変えてくれ）」。

河岸是毫無風情可言的男人天下，所以我想這句話的意思，指的應該是改變風氣，用豪邁大方的價格來做生意才是。畢竟，風情萬種的女人味，在河岸根本派不上任何用場。

我現在已經多少記得住幾個暗號了。

像是「邊嘴」啦、「里衛門」啦，我可以一邊在交錯飛舞的聲音中分辨，一邊在腦中轉換成數字，來了解當天的魚況，再轉化成像是「今天的蛤蜊好便宜啊，買一點回去好了」，或者是「既然鰹魚的價格降了下來，那就表示最近的漁獲量還不錯囉！」等等。

不過，使用符號的傳統究竟會延續到什麼時候呢？就在幾天前發生了一件趣事——

「總共是翹翹（ピンピン）。」

負責扇貝的小富邊說邊把商品交給顧客。「翹（ピン）」是一種在河岸以外也通用的符號之一，指的就是「總共是一千一百圓」的意思。但是那位客人卻露出了「咦？」的表情，然後伸手摸了摸自己的頭髮。小富手上拿著裝了扇貝的塑膠袋，一時反應不過來地呆站在那裡。

在一旁看著事情發生經過的我，忍不住笑了出來。

那位客人是一位頭頂著金髮，髮型看起來很花錢的年輕男子——看來他誤以為「翹翹」指的是他的頭髮，讓他以為造型好的帥氣髮型，是不是又跑出了幾根睡翹的頭髮，所以才會反射性地摸摸頭髮。

「呃，總共是一千一百圓。」小富露出惶恐的神情說道。

「對喔！」那位年輕人也明白了意思，結好帳離開。

「真是嚇死人啦。」

目送著客人的背影，小富忿忿地說。

小富啊，這也是沒辦法的事嘛！畢竟這個年紀的男孩子都視髮如命呢。說不定他其實聽得懂「翹翹」，只是在他的思考迴路裡，髮型的順位一定是排在符號的前面吧！

語言會隨著時代而改變。如果沒有能夠理解、愛護它的人存在，語言就會逐漸消失。

不過，我非常喜歡這些符號，念起來簡潔又有力，光用耳朵聽就覺得很有意思。奇妙的節奏從耳朵灌進，好像連心情也跟著雀躍了起來。

前幾天，我正好聽了古今亭志生的落語ＣＤ「芝濱」。「芝濱」是在講一位邊挑著扁擔，邊沿路賣魚的大熊先生，在去市場採購的途中撿到一筆大錢的故事。可是當他要數這撿到的兩分銀幣時，大熊先生不小心露出了賣魚的習慣。明明應該是一塊、兩塊、三塊地數，他則是念成：「單單、雙雙、三丁。」不過，我卻能夠理解那別有一番風味的節奏，「哎呀，原來就是這個呀？」志生先生是落語界的名家，這或許也是他著名的落語段子之一，但我覺得這段子並非是出自名人的創作，而是模仿自河岸的傳統風俗。

因為我已經在河岸聽人說過好幾次，以前河岸人就是像這樣在數魚的。當魚貨一早送來後，學徒們就會跟著節拍像那樣數起魚來：

「單單、雙雙、三丁呀三丁……」

如果大聲喊出聲音來數，就不用擔心會有人上前搭話，能夠集中精神來工作，但要是沒抓到抑揚頓挫，大掌櫃或大哥前輩們就會在背後開始怒罵：「等你數完魚都要臭掉啦！」

站在一旁來看，河岸似乎一年到頭都是熱熱鬧鬧的，我雖然無法否認這一點，但基本上這裡的工作，就只是日復一日地賣魚包魚而已。所以要是能在其中加一點節奏進去，工作氣氛也會變得輕鬆快活許多，而符號就是河岸做生意的潤滑劑。更重要的是，比起單調無趣的阿拉伯數字，「喜助」跟「里衛門」聽起來不是更有意思嗎？喜助先生和里衛門先生，希望你們可以永永遠遠，留在這片河岸裡。

互助合作的「剩貨」齒輪

早上八點多快九點，是忙碌開始告一段落的時候，隨著一聲「大盤送來的」，三條長尾濱鯛[53]出現，要送給鮮魚負責人阿真。從大盤那裡採購來的魚貨應該早在清晨六點前，客人都還沒上門時就送來了才對，雖然心裡覺得奇怪，但身為任人使來喚去的見習生，舉足無輕重的我也只好接下了手。

三條體長將近一公尺的長尾濱鯛，躺在塞滿冰塊的箱子裡，我才剛一接過手，就重得讓我差點往前跌出去。但是，既然大姊們都能輕輕鬆鬆地搬起十幾二十公斤的貝殼，我憑什麼在這裡唉唉叫呢？「這箱一定是客人臨時追加的貨吧？真是的，看來今天生意也挺不錯的嘛。」為了表現出開心的心情，我拚命擠出笑容，搖搖晃晃地往正在店門口整理魚貨的阿真前進。

阿真不但是鮮魚組的第一把交椅，又是我的前輩兼師父，我相信接下來，他就會對我說句慰勞話，迅速地接過魚貨。

然而不知怎麼搞地，阿真卻撇了撇頭說：「拿去放在旁邊。」還渾身發出「我現在要忙整理魚貨，沒空管那一箱啦！」的抗議。

我想他今天大概心情不太好吧？於是我就跑回去自顧自地殺著魚。等到工作全都結束後，阿真走了過來：

「剛剛那箱長尾濱鯛啊，其實是硬塞的剩貨啦，是大盤把賣不出去的魚硬推銷給我們的啦。」

阿真悄聲說完後，嘆了一大口氣。

原來是這麼一回事啊！這下這箱貨為何會在這種不上不下的時間點送來，還有阿真心情不好的原因，這下全都得到了解答。

所謂的「剩貨」，就是「賣剩的魚貨」的簡稱，是大盤把賣剩的魚貨硬推銷給中盤商的意思。所以這一箱貨，才會在這種時間匆匆忙忙被送進來啊……

而大盤硬塞來的長尾濱鯛，長得就跟牠的名字一樣，身上有一條長長的尾巴，還有赤紅色的大魚鱗，大一點的長尾濱鯛，甚至還能長到約一公尺左右。第一次在河岸看到這種魚時，我還忍不住開玩笑地大叫：「有鯉魚旗……！」結果馬上就被大老闆白了一眼，似乎對大老闆而言，長尾濱鯛充滿他年輕時的回憶——

「長尾濱鯛的肉質挺柔軟的，所以調味起來很容易入味。其他還有青鯛、白鯛、姫鯛等品種，每種都是適合捏壽司的白肉魚，所以在以前啊，可是熱門的搶手貨呢！」

---

53 長尾濱鯛，日本一般的名稱為濱鯛 ha-ma-da-i，拉丁學名：Etelis carbunculus，中名為濱鯛、長尾濱鯛或紅鑽魚、絲尾紅鑽魚。但在關東一帶則稱為尾長鯛，原文即是使用此一稱呼。

就在最近，我才聽壽司店的雷門老闆，興高采烈地對我這麼說。雷門老闆的店開在淺草雷門的附近，是一家名叫「福壽司」的壽司店，他可是已經捏了四十年以上的壽司了呢！

不過，一講到現在壽司店裡受歡迎的白肉魚，大概都是真鯛、白鮒還有比目魚等鮮魚，長尾濱鯛似乎不太受客人的青睞。硬被推銷這種剩貨，也難怪阿真會板起了臉孔。

「我說阿真啊！」

我開始努力搜尋鼓勵人的話：

「有本事賣得掉剩貨的人，才稱得上真正的男子漢啊！這也是大盤信任你的證明啊。不然啊，他們也不會隨便把剩貨塞過來啊！」

「唔……也是啦，妳說得對。」

阿真一邊說，眼神一邊飄移在半空中，看來他正在絞盡腦汁，尋找長尾濱鯛的棲身之處。

沒錯，剩貨是由大盤商推銷到中盤商，中盤商再尋找願意收購剩貨的零售業者。

要是在快打烊的時候，看到負責壽司魚材和天婦羅材料的阿岡，開始動手殺起牛尾魚、鱚魚或小鰭之類的鮮魚，那些大概十之八九，都是找到買家的剩貨。在送剩貨過去之前，阿岡都會幫忙先做好處理，當作客戶收購的交換條件。

「我還是學徒的時候啊，每當小鰭出現剩貨，我都會騎腳踏車載著小鰭，送到一家開在新橋，叫作『YOSHITOMO』的壽司店去。因為他們都會說：『辛苦啦小哥，放在那裡就行了。』直接幫忙收購下來呢！要是店裡看起來很忙，我就會借用他們店裡的水桶跟砧板，跑到後門，直接在路邊幫他們殺魚。要是那家壽司店沒辦法收的話，我就會再騎到另一間開在池袋，常常跟我們批貨的壽司店，那家也幾乎都會願意幫忙。」

大老闆侃侃聊起三十幾年前的往事——從河岸騎腳踏車到新橋，接著再繼續騎到池袋。雖然對以前的人而言很理所當然，但在現在卻是一件難以想像的事啊。

現在店裡的各負責人正拿著電話，小小聲地跟客人溝通講價，看來大家都不想被其他負責人聽見的樣子。

「現在我們在拋售牛尾魚，一條只要五百圓喔，您有沒有興趣啊？這可是才剛放完血的新鮮牛尾魚呢！」

所謂的拋售，幾乎等於是在賤價賣了。現在拋售的新鮮牛尾魚，可是夏天的高級白肉魚。不過，活魚只要一旦被放了血，隔天的價格立刻就會被砍一半，所以必須要趕快趁今天找到願意收購的客戶——這就是所謂的剩貨。

但是像這種「賤價拋售剩貨」的河岸用語，實在是太過於直接，我第一次聽到的時候，還害我的心跳忍不住多跳了好多拍。

雖然從第三者的角度來看感覺好像「賣得一飛沖天」，但要是沒人「拋」，也不可能會賣到「飛」了。而且對賣方來說，這的確也算是把價格「拋」在一邊在做生意了。

至於「硬塞的剩貨」一詞，以緣由來看也不是說不能這樣講。只不過聽起來還是太過直接了啦。

對魚販來說，這或許也算是自家人挺自家人吧？魚也是一條生命，只要有店家願意收購，就算是賤價拋售，我們也願意低聲下氣地拜託對方。這就是「愛物惜物」的精神，用心看待世界上所有的生物。經過一番交涉後幫忙收購剩貨的習慣，是只有接觸生鮮買賣的行業才能流傳下來的風俗。

每天採購進貨的魚要是能順利地銷售一空，當然是最完美的結果，但這根本是一件不可能的任務。每天會固定大量下訂某種鮮魚的客戶，只要突然一句「今天不需要了」，像往常一樣進貨的我們就麻煩了。不過這些事對店家來說，都是很稀鬆平常的事。

願意幫忙吃下這些剩貨的店家，大部分都還是關係好的熟客。因為熟客們都很了解中盤商的心情，所以拜託起來也容易得多，而且根據長年的往來經驗，中盤商也很清楚店家比較願意收購哪幾種剩貨。

不論是豔陽高照的夏日，還是滿天飛雪的寒冬，大老闆都會不辭辛苦地載著魚貨，踩著腳踏車從新橋再繞到池袋，就是因為他知道這些熟客們，都願意幫忙收購剩貨。

其實現在的河岸，也可說是在推銷剩貨的買賣之中堆砌而來的，透過推銷剩貨，讓河岸上上下下都變得心有靈犀。如果平常會幫忙收購剩貨的客戶，突然下了強人所難的訂單，中盤商也會竭盡所能地配合。要是自己的店裡沒貨，就算是掀了全河岸也會想辦法找出來，有時候甚至還會主動幫客戶算得便宜一點。

中盤和大盤之間的關係也是同樣道理——要是中盤在漁獲量少的日子裡，收到前所未有的大量訂單時，大盤也會東奔西走地幫忙收集魚貨，當作平常中盤接收剩貨的回禮。

剩貨讓河岸之間的信賴關係，變得更加深厚茁壯，河岸有高達九百多家的批發店家，明明每家店賣的商品都差不多，卻都能夠相安無事地擠在這裡做生意，一定是因為彼此都連繫著深厚的信賴關係才是。

所謂的「賣東西」，單純來講就是賣方單方面的行為，但是伴隨在販賣行為背後的人心，並非也是如此——凡是跟人扯上了關係的事，就不會只是單方面。

彼此的互助合作，讓河岸的齒輪不停向前轉動。

壽司店的父子檔

早上六點到八點多，壽司店老闆們會陸陸續續在這段時間上門採購。大家幾乎都已經和「濱長」來往多年，其中甚至有人從三、四十年前開始，還在當學徒的時候就是熟客了。

有些時候，熟客們會順便帶上幾份慰勞品來店裡——像是包滿紅豆餡的大福，或是親手做的散壽司跟壽司卷。而大福的包裝紙圖樣，可是老早就被我牢牢記在腦海裡了，只要偷看到放在帳房架子裡的大福包裝紙，我這個紅豆狂就會像是受到制約的狗一樣，開始不由自主地吞起口水。等到工作到一半肚子有點空了，我就會大快朵頤起大福的好滋味。

還有，收工後的壽司，也總是讓我吃得津津有味——到了寒冬時，善後工作收拾到了一個段落後，架子上的散壽司就會冰冷得像是放進了冰箱一樣。但就算再冰冷，滋味還是美味得不得了。散壽司被緊緊塞在密封的容器裡，因為是出自壽司店老闆之手，上面盡是擺滿了煎蛋、星鰻、葫蘆干、小鰭、鮪魚碎肉、章魚、烏賊、比目魚和鯛魚等白肉魚，還有鮭魚卵跟海苔絲，是一般家庭根本模仿不來的豪華。

上門採購的壽司店老闆們把竹籃子擱在店裡，在開始買東西之前，都會先跑去跟帳房的大姊們串串門子。本來我還以為大家同樣是開壽司店，彼此都是生意上的對手，關係應該會很差才對，不過每一個人也都是和樂融融地在聊天。

「昨天真是累死我啦，最後一位客人待到凌晨四點才離開耶！」

「唉呦，有人上門就不錯啦。我們店裡到九點就空蕩蕩了呢，生意難做啊。」

大家就會像這樣發發牢騷，彼此互相加油打氣。

待在河岸的這一小段時光，似乎是他們能露出最真實的自己，好好喘口氣的時間。

等到回到店裡後，就又得要恢復專業師傅的身分，板著臉孔站在吧檯前，開始忙碌的一天。

在這幾家壽司店之中，「吉野壽司」的父子倆總會一起來河岸採購——因為「吉野壽司」也是來往很久的熟客，所以我們大部分都是用店家所在的地名——「旭丘」來稱呼這家店。旭丘的店內只有榻榻米區跟幾個吧檯座位，是一家典型的在地壽司店。旭丘的店老闆個性活潑熱情，每次打招呼都一定要重覆三遍「早安」才肯罷休；不過他的兒子卻剛好恰恰相反，鮮少會聽到他開口講話。每次都見他好像嫌高大的身材很礙事似地，總是駝著背乖乖跟在父親後面。

放下竹籃後，旭丘老闆便手拿著採購清單，開始在店裡物色魚貨。只見他黏在彎腰挑魚的兒子身後，對著他發號施令：

「喂喂！你搞什麼啊！不能挑紅眼睛的小鰆啦！」

「今天的星鰻還真是貴啊，你挑一些差不多重量大小的就可以啦。唉喔，不是那一條，是旁邊那條啦！你拿過去秤秤看。」

要在寒冷的冬天裡，把手伸進冰水挑選小鰆和星鰻可是一件苦差事，但是聽著老爸的話，兒子還是默默地伸手把魚裝進了塑膠袋裡。而這段時間，旭丘老闆則是忙著在討價還價：

「喂，阿岡！這小鰆多少錢啊？噫！這麼貴啊！阿岡吶，幫幫忙砍一點價嘛。」

不知道該說是強勢還是起勁，抑或是很懂得議價訣竅，旭丘老闆對講價相當地有經驗。他目前還無法將採購任務全權交棒給兒子，似乎就是因為他的講價工夫還沒到家。

旭丘老闆銳不可擋的殺價攻勢，可是纏了又甩，甩了又纏。他壓低了聲音，開始沒完沒了地跟店員過招：

「好嘛，再低一點嘛。好不好嘛？」

聽著年紀一大把的歐吉桑發出像貓咪一樣的撒嬌聲，實在是讓人難以忍受。但是一想到他彷彿在說「我這麼努力在拜託你耶！」感覺就好像也沒那麼難受了。只不過每次講價講到最後，旭丘老闆都還是不太肯買帳，讓店員經常被整得叫苦連天。

一邊背對著店門口殺著魚，一邊注意著店況的大老闆，對旭丘老闆的行為皺起了眉頭：

「真是受不了啊，他還是改不了以前採購的習慣啊。」

當旭丘老闆要離開時，他一定會特地繞到大老闆的身邊打聲招呼：「明天見囉。」但大老闆從來沒有一次回過話。

父子倆像這樣一起上門採購的畫面，至今已經持續了兩年。

然而某一天，旭丘老闆的兒子獨自一人來到店裡採購，讓店裡在一時之間，出現了一點緊張的氣氛——

「呦，今天怎麼一個人啊？」

「義壽司」的店老闆彷彿看穿了大家的心聲，特意拉起大嗓門問。

「沒有啦，呃，他等一下就會來了。」

「什麼啊，原來是這樣啊。我還以為你已經可以獨當一面了呢！」

「謝、謝謝您的抬舉。」

旭丘老闆的兒子露出惶恐的神情，不知所措地笑了笑。

「沒有啦，我們大家啊，可都是在期待你獨立的那一天啊！你會繼承你家的店吧？」

這也是大家都想問的問題，想不到「義壽司」的老闆三兩下就幫我們全解決掉了。店裡的每個人一邊動手做事，一邊都豎起了耳朵仔細聽著他們的對話。

旭丘老闆的兒子曾經一度不願意繼承家業，還鬧到了離家出走，最後好不容易說服他回家，跟著旭丘老闆一起出門進貨採購。就在前幾天，一家跟「濱長」有往來的壽司店，因為後繼無人才剛關門大吉；也有幾個突然跳出來說想做義大利菜，不願意繼承家業的兒子，讓壽司店的店老闆們都傷透了腦筋。因此在這個時候，看著旭丘老闆的兒子開始學習壽司店的工作，大家多多少少都想替他加油打氣。

「是啊，我是打算要繼承。」

聽完「義壽司」店老闆的問題，他不假思索地回答。

「壽司生意很難做喔，早上一大早就要忙著進貨，還要捏壽司捏到很晚。而且辛苦了這麼久，也賺不了多少錢啊。」

「是啊，可是這是家業啊。」

看來旭丘老闆的兒子，似乎已經下定了決心。

「那就好。有一個心意這麼堅決的兒子還真讓人羨慕啊！真不知道我兒子以後願不願意繼承……雖然我其實不太想讓他做這麼辛苦的工作啦，要是他真的願意繼承，我還得要等上十年才行啊！要是他能像你一樣這麼努力啊，我就可以安穩退休啦。等我兒子繼承壽司店以後，我就可以睡覺睡到自然醒囉！」

聽著「義壽司」的話，站在一旁的雷門老闆邊笑邊說。

「你在說什麼傻話啊！你要幻想也只能趁現在啦。像我這種後繼無人的老人啊，一聽到『退休』兩個字啊，可是會嚇得皮皮剉呢！」

雷門老闆的壽司店開在淺草，是第三代的繼承人。可是他的兒子，現在從事電腦相關工作，壽司店的家業大概在他這一代就會結束。

只是這種憂鬱的話題，在早上的河岸可是一大禁忌，這時大老闆便使出了他的招牌臺詞，打斷他們的對話：

「就是說嘛，等到掛掉以後啊，想睡多少就可以睡多少嘛。不趕快趁現在工作賺錢，是要等什麼時候賺啊！」

正當大家的笑聲盪漾在店裡時，旭丘老闆走了進來，又像往常一樣開始採購了。

之後大概過了一個月左右吧，旭丘老闆的兒子又獨自一人來到店裡——但是這一次，他真的是一個人來。

「咦——！老闆住院了？你說得是真的嗎？」

聽了緣由的阿岡忍不住大聲嚷嚷了起來。早上喧鬧的空氣，就在一瞬之間凝結。正在剁著鯛魚頭的大老闆，用迅雷不及掩耳的速度飛奔了過來：

「喂！我說你啊，已經解決得了魚了嗎？」

所謂的「解決」，指的就是處理得了魚的意思。大老闆手拿著沾滿血的菜刀，氣勢凌人地問。旭丘老闆的兒子被壓得喘不過氣，好不容易擠出了回答：

「嗯……勉強還算可以……」

「捏壽司哪有什麼勉強可以啊！這可是要跟顧客面對面的生意啊！所有的客人都看得見你的手呀！要是到時候沒有自信，捏出來的壽司也不會好吃到哪裡去的啦！」

面對大老闆的來勢洶洶，旭丘老闆的兒子把話哽在喉嚨裡，呆呆地站在原地一動也不動。

「坐在壽司店櫃臺位子的啊，全都是很寂寞的客人嘛，所以他們才會選擇坐在吧檯前啊！所以啦，陪客人談天說地，讓客人能夠開開心心地離開店裡可是壽司店的職責啊！你現在不但解決不了魚，就連聊天也做不來！所以我不是早就跟你說了嗎？要是不會聊天，你至少要解決得了魚嘛！」

河岸人的嗓門不但大，還特別地響亮。大概是天天在瀰漫海水味的河岸裡扯著嗓子工作的關係，才練就了這一番功夫吧？大老闆做了將近五十年的魚販。練嗓子的方式也比一般人高段許多，剛剛他的聲音，大到連對面隔壁的店家也能聽得一清二楚。

「你不要以為只是聊聊天而已，以前啊，在銀座有一家很了不起的壽司店，那裡的師傅就常常跟我說，壽司不是捏到好吃就可以了！要是今天的客人看起來很疲累，就盡量避免生魚，改捏燉煮類或醋漬類的握壽司；要是客人是年輕人，就捏一些花俏新潮的握壽司……身為壽司店，可是連客人的健康狀況也要好好把關啊！」

所謂的燉煮類，就是像星鰻或是醬煮蛤肉；而醋漬類則是鯖魚或是小鰭，這種用醋漬過的魚材。從學徒時代開始，就在廚房後門看遍壽司店的大老闆，只要一講起壽司的話題，嘴巴就會滔滔不絕地沒完沒了。

但就算如此，正常來說，一般人都會先慰問旭丘老闆的身體狀況，再加上幾句安慰激勵的話，等說完「要加油喔」之後，再侃侃而談壽司論也不遲啊！明明這才是正常的前後順序，結果大老闆一開口，馬上就開始訓話說教起來，他是不是有點搞錯了優先順序啊……

但是，聽著大老闆那破鑼般的嗓子，是啊，這就是河岸的作風啊！我不禁在心裡這麼想。現在應該要做什麼？明天該怎麼走下去？如何才能讓店可以正常運作？在大老闆的思考迴路裡，這些問題才是第一順位。面對著還無法獨當一面的繼承人，大老闆的心裡其實擔心得不得了，擔心他究竟能不能代替旭丘老闆撐起壽司店的生意——在這種時候，那幾句安慰人心的話，根本派不上任何用場。

要是「吉野壽司」的生意一落千丈，「濱長」的業績當然也會連帶受到影響。然而，大老闆根本就沒有想那麼多的餘力，在他的心裡，只是在擔心父子檔壽司店的明天，還有未來的事，所以才會不小心就大小聲了起來，罵到自己都臉紅脖子粗了。

這就是在擠滿了九百多家魚店的河岸裡一路過關斬將，這些河岸人所擁有的應變方式和生活態度，大老闆的話聽起來真是讓人點頭稱是。

雖然順序顛倒了，但大老闆還是問候了旭丘老闆的身體狀況——看來似乎是膝蓋撐不下去的樣子了。作壽司店這一行的人，從採購進貨到壽司吧檯前，一整天都要一直站著工作。旭丘老闆就是因為日積月累的疲勞才會倒下去的吧？聽說現在得要先暫時住院觀察一陣子了。

接下來的日子，大老闆的破鑼嗓說教依舊沒有停歇，不過不知道是不是要替住院的旭丘老闆加油打氣，只要店裡出現鯛魚頭，他就會留下來送給旭丘老闆的兒子帶回去。

接著一個月過後——

「喂！你爸現在的身體怎麼樣了啊？」

「前天已經出院回家了。但是因為現在行動還不太方便，所以嘴巴變得特別囉嗦呢！」

旭丘老闆的兒子露出苦笑，向大老闆報告。

「你白癡啊！讓他出院幹什麼？既然那麼多話，把他綁在醫院的床上不就得了嗎！」

「哈哈哈，說得也是。要是他站在吧檯前捏壽司，一定也會對客人亂發脾氣吧。」

看來旭丘老闆的兒子，已經可以獨自應付採購的工作了，就算現在稱他是旭丘的小老闆也不為過呢。

過了不久，旭丘的父子檔又開始一起來河岸報到了。走路有點一跛一跛的旭丘老闆一出現，瞬間就讓店裡的空氣和緩了許多。

「哎呀，真的是折騰死我了啊。嗯？你問我的腳嗎？那還用說啊，當然是痛死我了啊。」

雖然大家紛紛上前慰問，但不曉得是不是旭丘老闆覺得很不好意思，只見他生硬地回應後，就開始在店裡急急忙忙地走來走去，彷彿就像是在對大家說——「好了啦，我要來買東西了啦！」不過他那招難纏的殺價功力，倒是一點也沒有退步：「昨天的魚真的是太小不隆咚了啦。怎樣？有意見啊？那些小魚早就被我拿來當點心嗑掉了啦！」就連那酸溜溜的口氣也是威力不減。

「唉啊，真希望你可以在醫院多躺個幾天啊。」

大老闆不甘示弱地說。

「我要是再住下去啊，是要怎麼賺錢養家啊？話說回來，今天還有鯛魚頭可以拿嗎？」

「哪來那種鬼東西啊！」

早上只要少掉一個固定的班底，心情就會變得特別心神不寧，感覺還真是不可思議。今天父子倆又一起來買東西了，雖然我覺得再過不久，旭丘老闆的兒子就能獨自一人身負採購重任，但是這段父子檔攜手光臨的畫面，我還想再稍微多看個一陣子。

令人憐惜的小鏡子

「好羨慕河岸喔。不管到了幾歲，都還是會被叫大姊吧？」

我曾經聽女性友人感嘆萬千地這麼說。她的年紀雖然已經突破了四十大關，卻還是一個要靠父母養的單身女子。

「每次去附近的商店街，都會被叫成太太呢！聽起來實在怪不舒服的。小姐之後的稱呼，不是都會馬上跳到太太嗎？好像女人的人生都被規定好了一樣，聽起來真討厭。」

我剛來河岸的時候，其實非常不習慣「河岸的大姊」這個稱呼。

「大姊，不好意思。這個怎麼賣啊？」

每次只要被人這樣一叫，都會害我心跳加快，不知道自己該做出怎樣的表情才好。

如果是被認識的人叫大姊，我都好想轉頭跟他說：「拜託你給我好好叫名字啦！」

不過，聽了那位女性友人的話後，我對「大姊」這個稱呼卻有了新的認識。

不論未婚還是已婚，不管到了幾歲都叫大姊。

原來如此啊……

這並非是膚淺輕浮的稱呼，也不是刻意在調侃女性，而是對個人的基本尊重。從此之後，我便開始努力地使用大姊這個稱呼。

鈴木久子小姐，她是我第一個在河岸稱呼別人為大姊的人。長年在「濱長」工作的前輩們，都叫她「久子大姊」或是「久姊」。雖然久子大姊碰巧是我稱別人大姊的第一人，不過我覺得她可是最配得上大姊稱號的河岸代表女性之一。

久子大姊負責的是赤貝——她會站在隨時都是堆積如山的赤貝面前，在店內的一角把赤貝肉從貝殼裡挑出來。雙手的動作之快，是一般人難以想像的。

「畢竟從上一代開始就在這工作了嘛，動作快是當然的啊。」

久子大姊一邊動著手，一邊不好意思地說。

首先左手拿著赤貝，右手拿著圓弧形刀鋒的去殼刀，先輕輕地撬開外殼，接著再割下貝柱，並同時轉換殼的方向，用去殼刀靈活的「啵」一聲取下貝肉——平均速度大概是兩秒一顆吧！

久子大姊不光只是速度快而已，當她把赤貝拿在手上的瞬間，就能夠判斷出赤貝的好壞。我第一次看久子大姊剝赤貝的時候，見她有時會把赤貝拿在手上剝，有時候又會隨便往旁邊一丟。覺得奇怪的我，把那些被丟掉的赤貝剝開來一看，便發現裡面的貝肉感覺特別硬。

「妳看，已經死了吧？死掉的貝類是沒辦法賣的……要說分辨的方法嘛，拿在手上秤秤看就能知道了啊。」

「可是，我看起來只是貝肉比較硬一點啊。」

「妳看看貝唇的地方，活的貝唇比較短，比較長的就表示已經死了。貝類只要一死掉，貝唇就會伸的長長的喔。」

和文蛤還有蛤蜊相比，帶殼的赤貝又大又沉重，所以大部分的客人都會直接買不帶殼的赤貝肉，讓久子大姊每次都是忙到快打烊的時候。工作結束的最後，還要把剩下裝了赤貝的箱子堆起來，用塑膠墊包好。裝滿赤貝的箱子大概有十公斤左右重吧，雖然據傳久子大姊已年過六十，但她還是能把箱子收拾得整整齊齊。

到了黃昏時分，聽說她還會到小餐館做接待的工作。

「雖然我這把年紀的人啊，已經不適合在河岸工作了，可是我就是喜歡河岸嘛。只要一過了勝鬨橋啊，什麼感冒啦、腰痛啦，就通通忘得一乾二淨了呢。」

即使年過六十，還是得日夜不停拚命工作的久子大姊，背後一定有什麼難言之隱吧？但她依舊是滿臉笑容，露出從容不迫的模樣。

久子大姊每天都從早上忙到深夜。

可是，她的頭上隨時都會綁著懷舊的髮型，找不出任何一根凌亂的髮絲，眉毛畫得俐落有型，嘴唇上也塗著大紅色的口紅。那張撲了粉的瓜子臉，彷彿就像在昏暗的市場裡染上了一抹亮白。大部分的河岸女性每天都顧著埋頭工作，根本沒有餘力可以管化妝的事，而這也讓久子大姊的模樣，在河岸裡顯得更加突出。

有一次，為了要學習怎麼剝赤貝，我便站進了久子大姊平常的工作位置上——那個時候我才發現，裝了赤貝的箱子角落，放了一把好小好小的小鏡子。我試著蹲下來，用大姊的身高看過去，整張臉就這麼剛剛好的映在小鏡子上。大概久子大姊只要一有空檔，就會偷看著小鏡子補補口紅，整理整理頭髮吧。

「久子大姊每天都打扮得漂漂亮亮地來河岸，是不是因為在這裡有喜歡的人啊？」某天跟河岸人串門子的時候，我順勢地開口問道。

「我想應該是沒有吧。畢竟她以前為了男人吃過那麼多苦頭，應該早就受夠男人了吧？」

河岸的老前輩道出了這樣的答案。不過這似乎也是真正的實情——為了償還前夫還有行蹤成謎的兒子所留下的債務，久子大姊的人生就是不停地工作再工作，賺來的錢左手進右手出，留也留不住……

如果一切真是如此，那我想我也能夠隱約理解，久子大姊那張完美妝容的意義了。只要一支口紅，就能改變女人的心情，可以讓女人提振士氣，讓心情變得更有活力，那無懈可擊的妝容，或許就是她為了生存所採取的手段，為了正面對抗現實所裝備的武器吧？看著小鏡子裡完美武裝的自己，或許就能夠振奮久子大姊的精神，讓她可以好好努力地工作下去。

當我想到這裡時，久子大姊和她那悲戚的人生際遇，都讓人好放心不下，好想將她一把擁入懷中好好疼惜。

在去年的二月，令人憐惜的久子大姊因為腦中風倒了下來——當我抵達「濱長」的時候，已經是大姊被送去醫院之後的事了。

過了一年。聽說久子大姊倒下不久後，很快就開始進行復健，身體狀況也正在漸漸好轉中。不過，她應該已經無法再回來河岸工作了吧？

現在負責赤貝的，是新進員工伊藤，還有打工的小友。因為兩個人還年輕，理解能力也特別快，似乎一下子就抓到了剝貝殼的訣竅。

快要打烊時，他們還會切開剝好的赤貝肉，賣給路過的客人，有時候我也會跑過去幫他們的忙。先切掉貝唇，接著在飽滿的赤貝肉上，往內臟的位置水平切開，把內臟清除乾淨就完工了。切開的赤貝肉長得就像隻蝴蝶一樣。

「大姊，切開貝肉的時候啊，要切得看起來越大越好啦！」

現在我的師傅，已經變成伊藤跟小友了。

在某個客人少的雨天，我在沉靜的河岸一角切著赤貝，突然回想起久子大姊的事——那張仔細地上了粉的臉龐，在我的腦海中逐漸清晰。

「就算再忙，也不可以忘記要整理儀容喔。」

久子大姊經常這麼提醒不顧頭髮還黏著魚鱗，就在河岸東奔西跑的我。

「妳一定要好好記住喔！等到以後上了年紀，擁有了一家自己的小餐館後，可就跟現在殺魚的時候不一樣了。」

久子大姊似乎以為，我是為了成為小餐館的老闆娘才來這裡學習，因為她的語氣實在太過認真，害我無法對她解釋其實我根本沒有那個打算。

越來越多的對話和畫面斷斷續續地冒了出來。

但就在突然之間，那些畫面彷彿籠罩在淡藍色的細雨中，開始逐漸扭曲變形。看來我的喉嚨深處會變得嘶啞疼痛，似乎不只是因為我偷嘗了一口赤貝的緣故。

蛤蜊和浦安大姊

許多在河岸工作的女性，都會搭乘早上第一班的電車抵達築地站——

「今天不知道會不會很忙啊？」

「今天是星期三，應該還好唄。」

為了在到站時可以早一步下車，當電車快要抵達築地站時，前端車廂的車門附近就會變得擁擠，還會聽見浦安的口音。有不少從浦安坐地下鐵東西線，再轉乘日比谷線來到河岸工作的女性，其中尤其是負責剝貝殼的女性，絕大部分都是來自於浦安。

就連在「濱長」裡負責剝貝殼的人員，也全都是浦安人，山崎小姐也是裡面的其中一人。

山崎小姐從小在浦安土生土長，就連另一半也是道地的浦安人，她夾雜著浦安口音述說的兒時回憶，簡直就像山本周五郎所寫《青舢板物語》的續篇一樣。為了要聽山崎小姐說故事，我只要一抓到空檔，就會跑到她的身邊打轉。

「因為我從小做到大嘛，當然會變厲害啊。」

在我驚嘆著她取下貝肉的技巧時，山崎小姐這麼回答著。話題的開端總是從這裡開始……

「是啊。在我們浦安啊，女孩子剝貝殼是天經地義的事呢。」

那是在五十年前，二戰結束後沒多久的事。

「雖然現在已經蓋了不少大樓，海也越變越小，但在我小的時候啊，那裡可是座小小的漁村呢！海就近在眼前，沙灘也是綿延不絕，什麼蛤蜊啦、文蛤啦，隨便挖一挖都嘛抓得到。然後我們就會拿來煮個什錦飯啊，或是味噌湯之類的……蛤蜊什錦飯的做法？很簡單啊！把蛤肉跟油豆腐放進米裡面，再淋上醬油一起煮就好了。浦安人比較重口味，所以媽媽都是教我們一升米倒一杯醬油，然後再加味醂和酒一起下去煮。」

山崎小姐說她連作夢都沒想過，竟然會出現要花錢買蛤蜊跟文蛤的時代。

「因為一年到頭都採得到啊，怎麼採都採不完呢！」

她們以前在海邊採到的貝類，都會出貨到築地市場。蛤蜊或青柳貝（傻瓜貝）也會另外去殼再出貨，所以在浦安這裡有很多大大小小的剝殼工廠，挑貝肉的作業就是女人做的工作。當然，山崎小姐也從小就會跟在一旁幫忙。

「我開始去剝殼工廠幫忙，大概是小學二年左右的時候吧？一開始就要先切掉傻瓜的舌頭呢。」

切掉傻瓜的舌頭……？

「哈哈哈，沒有啦，傻瓜指的是傻瓜貝啦！傻瓜貝一從海裡撈起來的時候啊，就會從殼裡伸出橘色的足部。雖然說是腳，但是長得卻像根舌頭，看起來就好像在露舌頭裝瘋賣傻一樣，所以才叫做傻瓜貝。牠不是會從殼裡伸出腳來嗎？所以我們就是要把這隻腳給切掉。」

啊啊，原來是這麼一回事啊！這時我想起了壽司店的吧檯——這就是擺在吧檯裡，那個長得像舌頭一樣，橘色三角形的東西。

「然後啊，大概在我小學六年級的時候吧，每個人都學會了怎麼剝貝殼。畢竟當時大家都是一邊切舌頭，一邊在旁邊看母親剝貝殼的嘛，所以其實早就知道該怎麼剝了啦。不過我家的老媽啊，是個既能幹又能言善道的人，所以她對孩子的要求特別高。老是對我說『妳剝的太醜了』，還說貝肉最重要的就是賣相要好。我小時候會剝得不漂亮，都是因為動作不夠俐落的關係唄。然後我老媽啊，還逼著我去跟當時最會剝貝殼的兩個人學習呢。」

剝貝殼需要使用一種長得像小刀，刀鋒呈圓弧形的工具。握住白木的握柄，用堅固的圓弧刮刀插進殼與殼之間的縫隙，接著切斷貝柱——貝柱就像是貝殼的鉸鍊一樣，只要一切斷貝柱，殼就會「啪」地一聲打開。做到這裡，剩下來的就簡單多了，只要轉一下刮刀的刀鋒，就可以取下貝肉。

雖然寫起來簡單，但其實實際上，光是要把刮刀插進貝殼縫隙裡，就已經夠困難了。於是我就會把貝殼放在料理臺上，等著牠自己悄悄地打開殼，探頭看看外面發生了什麼事，然後再趁這時候把刮刀插進去。但是這樣的方法，根本無法運用在工作上。

「要剝完一桶貝殼啊，得要花上一個小時的時間呢！一桶貝殼就是十公斤重啊。然後不管是蛤蜊還是傻瓜貝，從以前開始一桶就都是十五圓。」

當時的—五圓，大概是怎麼樣價值呢？

「炸蝦一條五圓。在浦安那裡啊，女人下了班之後，都會跑去買晚餐的菜，所以啊，附近就開了好多賣熟食小菜的店家。因為我經常幫忙跑腿買東西，所以價格記得很清楚喔。還有蕎麥麵是多少錢來著啊？大概二十圓吧？」

以現在一份蕎麥麵六百圓來換算，儘管感覺還是稍微偏低，但那就是當時他們工作一小時的薪資。

那麼賺來的錢是要拿來當零用錢嗎？

「妳在說什麼傻話啊？當然是交給爸媽啦。浦安是一個很貧窮的地方，自己的錢都得要靠自己賺來，而且大家也都會想幫忙家裡貼補家用。」

所以，就連在小孩子之間，彼此都會炫耀自己剝了多少貝殼。

「在學校一見到面，大家的第一句話就是『你昨天剝了多少唄（多少桶）』。而且因為前一晚剝貝殼剝到太晚，每次一開始上課就好想睡覺唄。」

接下來到了中午。當時雖然大家都是跑回家裡吃午餐……

「沒有人會直接跑回家啦！我們會先繞到母親工作的工廠。如果要剝的是蛤蜊，就會在心裡想『唉、沒辦法，下午只好回學校上課唄』；但如果是傻瓜貝，我們就會丟下書包，在那裡幫忙剝殼剝到晚上呢！」

為什麼如果是蛤蜊就不幫忙啊？

「哈哈哈，這用膝蓋想也知道吧，當然是因為賺不了錢啊！因為蛤蜊比較小顆，所以剝起來很費工夫；傻瓜貝比較大，裝成一桶也沒有多少顆，剝起來輕鬆多了。畢竟不管是傻瓜貝還是蛤蜊，每一桶的價格都是一樣唄。」

故事聽到這裡，我忍不住想替他們拍拍手。明明還只是小孩子，每個人卻都是如此堅強，讓我聽得連心情也跟著開朗起來。

山崎小姐的兒時回憶會讓我覺得像《青舢板物語》續篇，就是這一部分跟故事內容很切合的關係。因為在《青舢板物語》裡，有一位名叫阿長，個性比大人還要精明許多的少年。

在山崎小姐的那個時代裡，男孩子們都是靠叫賣貝殼來賺錢，他們賺錢的工夫，可是一點也不比女孩子遜色。

「他們會自己跑去海邊挖貝殼，或是跟貝店要一些拿去外面叫賣呢。早上四點就會出來賣了喔——『蛤蜊——蜆仔——』這樣吆喝呢。要是沒生意上門，就會搞個笑來吸引客人，有時候還會一家一家敲門推銷。聽說他們都會故意裝可憐來博取人家同情，像是會說『媽媽身體不舒服』之類的，明明自己的老媽就生龍活虎地在剝貝殼咧，很可笑吧。」

剛開始男孩子們會把貝殼裝在兩個菜籃裡，背在兩邊肩膀上，走到千住或是白鬚橋一帶叫賣。

「如果存到了錢，他們就會跑去買一臺腳踏車。之後就會騎著腳踏車，載著一種叫『paisuke』的圓簍子，跑到更遠的地方去賣呢！聽說我老爸年輕的時候啊，甚至還跑到了品川一帶呢。」

少年踩著用自己賺來的錢所買的、新到發亮的腳踏車，在朝霧裡意氣風發地出發。一想到這個情景，我總會忍不住把《青舢板物語》裡的阿長少年套進畫面裡。

無論貧窮究竟是什麼，大家努力過生活的模樣不但令人為之動容，總覺得連聽故事的我也跟著得到了活力。聽山崎小姐的語氣，也能感覺得到她對自己貧窮的兒時生活引以為傲。

「在浦安那裡啊，家家戶戶都很貧窮，大家都是從小就開始出來工作，所以每個人都覺得工作是天經地義的事，上學一點也不重要。不過，我的妹妹可就不一樣了，她說：『媽，我想上高中。』結果啊，我家老媽竟然回答：『什麼？香香[54]？想吃香香家裡就有一堆啊。』香香指的就是醬菜啦。所以之後啊，我妹就靠自己剝貝殼賺錢，存了一筆錢後就跑到東京的高中去念書了。我以前可是討厭死上學了呢！心裡只想著要趕快賺錢好貼補家用。大概是因為我很不服輸吧，反正我就是很想早點讓父母享享清福啦……」

山崎小姐是「濱長」裡最熱愛工作的員工了，她不但手腳俐落，工作速度快，而且也十分熟悉客人的喜好。就算今天店裡進了江戶前和愛知等來自兩種不同產地的蛤蜊，只要聽到客人說「蛤蜊一公斤」，不需要回頭問，她就能立刻把客人偏好的種類放進塑膠袋裡。江戶前的蛤蜊雖然小，但是滋味鮮美濃郁；而愛知產的蛤蜊尺寸大歸大，但味道卻比江戶前的淡薄。是要選擇氣派的外表呢？還是味道優先呢？客人們的喜好也因此分成了兩大派。「濱長」打烊後，要是山崎小姐自己的地方收拾好了，她就會立刻跑到其他賣場幫忙撿撿垃圾，整理整裡空箱子。甚至還不忘悄聲提醒晚輩：「那位客人對價格很斤斤計較，你要稍微注意一下喔！」男人們一邊抽著菸，一邊用著甘拜下風的眼神，看著山崎小姐工作的身影。大家叫她「山崎小姐」，而非「大姊」的原因，或許就是因為她的工作態度，讓人另眼相看了好多眼的關係吧！

「哈哈哈，我就是喜歡工作嘛，從小就是這樣了。要是貝殼剝完了，我就會想再去另一邊幫別人的忙。因為這樣很開心嘛。」

54「香香（こうこ）」的日文發音與「高中（こうこう）」相似。而新漬的醬菜在日文中就叫做「香香」。

雖說河岸被視為男人的天下，但其實這裡也是有像山崎小姐這樣的女性，在支撐著河岸的運作。

性騷擾的鮪魚

「我跟妳說啊大姊，這就跟挑女人一樣嘛，色澤鮮豔，體型端正，眼珠子還要透明清澈。還有最重要的啊，就是要長得水噹噹嘛。」

當我向鮪魚拍賣場裡的中盤商們，問起挑選鮪魚的方法時，他們一定都會用女性來舉例說明。就連「濱長」對面鮪魚專賣店的次男，那位純樸的小康也是——「鮪魚頭要小，腰部要很緊實，而且還要有水嫩肌喔！」說完後，他還害羞地悄聲補上一句：

「就跟挑女人一樣。」

一扯上鮪魚，性騷擾的發言便接二連三地出籠。聽到這些男人的話，讓我不禁回憶起以前小時候，每個班上總會有一個調皮搗蛋的小男生，愛亂開一些讓女生反感的玩笑，然後拿大家的反應當有趣，露出一副洋洋得意的表情……鮪魚拍賣場確實是屬於男人的世界，是一場可以在一個小時之內，流通上億資金的勝負對決。面對著在這種地方四處打轉，一臉好奇的我，我想他們只是在展現親切，用最簡單明瞭的方式來做說明吧！

鮪魚拍賣場就位在批發商店林立的建築物後方——在以前用火車運送貨物時，火車月臺所在的地方。

清晨一早，就可以見到好幾百條的鮪魚橫躺在水泥地板上。由於絕大部分都是冷凍鮪魚，所以總是能看見凍僵的鮪魚冒著陣陣白煙，讓附近都籠罩在白色霧氣裡。在魚的身上，還貼有標記著產地縮寫的貼紙。ＬＯ是加州海岸，ＣＬ是智利，雪梨是ＳＤ，撒哈拉[55]則是ＳＡ。這些來到築地的鮪魚們，幾乎可說是來自一片名為世界之海的海洋。

已經來到看貨（評鑑貨色）的巔峰時刻了。男人們手持著手電筒蹲在各自偏愛的、水噹噹的鮪魚身旁。

大家一邊用手電筒照著被柴刀切斷的魚尾切口，一邊仔細鑑定著鮪魚肉質，讓熱門鮪魚的魚尾切口都被弄得傷痕累累。儘管在一些鮪魚的腹部上，貼有『不要再弄傷魚了』的警告貼紙，但是在這種場子裡，誰還管你那麼多呢？有人會用鐵鉤取下一點魚

55 指非洲原屬西班牙領地的西撒哈拉，目前為摩洛哥所治理。

肉，在手上搓成圓形又聞又嘗的，每個人都忙著用自己的方法在作鑑定。究竟大家到底是在看哪裡做鑑定啊？小康的鑑定方法是像這樣——

「首先我會先看赤身的顏色……不過也有人會以腹肉的味道來做優先啦。如果腹肉好，赤身也很棒的話，那當然就是最完美的鮪魚啦。但是真要挑的話，我會優先選擇赤身。說到生魚片的紅肉魚，一定非鮪魚莫屬了不是嗎？跟白肉魚一起擺上桌，紅白相間多漂亮啊！所以，我會挑選赤身部位比較好的鮪魚。好的赤身啊，會呈現草莓果凍般的顏色，晶瑩又剔透呢。如果還是看不出來品質好壞的話，就抓一點魚肉下來，稍微用手指搓搓看。好的赤身啊，就會像鼻水一樣……呃，糟糕，大姊啊，妳有沒有什麼更好一點的形容詞啊？」

「你之前不是說過什麼水嫩肌嗎？」

「是啊，所謂水嫩肌啊，摸起來不是有點黏黏的嗎？不過搓成一團的赤身摸起來，感覺就像是鼻水……唔，到底該怎麼形容才好啊？」

「山藥？」

「對對對，就是像那樣黏呼呼的啦。」

聽著我們聊天的小安擺出了大哥風範。

「我每次啊，都是拍賣開始五分鐘前跑去看個兩眼，一下子就能決定要買哪幾條了。我只要看一眼啊，就能分辨出好壞呢！」

簡而言之，每個人就是靠經驗衍生出的標準，來作為挑選鮪魚的依據。

清晨五點三十分。鏘鋃鏘鋃，刺耳的鈴聲開始響起，周圍的空氣在頓時之間陷入了緊張。競標終於要開始了，河岸男子們紛紛聚在鮪魚的周圍。

「來來來！四十五、四十二、四十三……」

主持人前後搖晃著身體，用腳打著節拍，開始高聲吶喊的模樣，簡直就像是在唱饒舌歌一樣。現在明明是零度以下的寒冬，他卻滿頭大汗地穿著一件短袖T恤，渾身都在冒著熱氣。而中盤商們則是舉起手，用手指出示價格，下標各自看準的獵物。有時只要一晃神，獵物就會拱手讓人。鮪魚買賣一出手都很大手筆，一條幾十萬根本不足以為奇。貴的時候，甚至會要價到好幾百萬圓。男人們殺氣騰騰的模樣，彷彿就像是看準了獵物的野獸，讓拍賣場上滿溢著喧囂的氣氛。

競標一條鮪魚只需要幾秒鐘的時間——雖然主持人說的話我連一個字也聽不懂，不過聽小康說，他似乎是在喊著鮪魚號碼、金額還有得標的店家。

鮪魚的競標會按照順序從黃鰭鮪開始，接著再輪到熱門的印度（南洋鮪）還有本鮪

（黑鮪魚）。不到一個小時，好幾百條的鮪魚就能找到棲身之處。

等到得標後，中盤商們就會開著圓盤車或拖車，將這些水噹噹的鮪魚載回店裡進行支解。

競標結束後，拍賣場簡直就像是剛打完仗一樣，空氣中的激情散去，賣剩的鮪魚就像被遺棄似地，這邊一條那邊一條地躺在地板上。在這個時候，就會有幾個機靈的中盤商，趁機用低價買進這些賣剩的鮪魚。雖然牠們外表不太好看，鑑定後的評價也不高，但有時候剖開來一看，卻發現肉質比預料中要好上很多，而意外地賺到一筆呢！

小康感觸良多地說道。

「鮪魚這種魚啊，就算事前鑑定得多仔細，不剖開來看是不見真章的。簡直就像是一場賭注呢！用低價買進後，有人剖開來看發現比想像中好，但也有人會剛好相反。所以店裡的命運和生意，都掌握在拍賣場上呢……」

在河岸的九百多家批發商店中，鮪魚專賣店只經手鮪魚的最大理由，大概就是因為鑑定鮪魚需要不一樣的獨到眼光吧。

「不過啊……」

小康有點無精打采地繼續往下說。

「現在不是出現了越來越多圈養鮪魚嗎？未來我們的工作可能也會因此產生變化吧？」

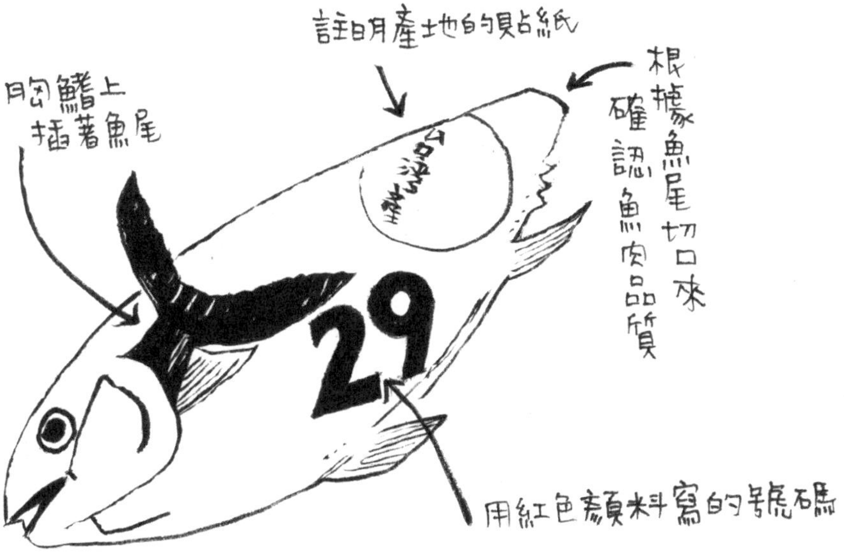
註明產地的貼紙
胸鰭上插著魚尾
根據魚尾切口來確認魚肉品質
台灣
29
用紅色顏料寫的號碼

「什麼是圈養啊？」

「目前在直布羅陀海峽和澳大利亞那裡，都有在做這種生意……日本的沖繩跟奄美大島那邊也有……就是養殖的一種啦。」

鮪魚是一種從出生到死，隨時隨地都在游動的魚類——就連睡覺的時候，牠們也會放慢速度繼續地游。據說鮪魚游泳的速度，最高可達到時速一百公里以上，因此大家都以為要養殖體型巨大，又會高速游動的鮪魚是一件天方夜譚的事。但就在幾年前，有人在大型海灣裡，用堅固的魚網劃分出區域，做出了一個巨大的活魚槽，並將產完卵變瘦的鮪魚飼養在裡面，等養到夠肥大了後就開始進行出貨。

由於這些鮪魚都待在同樣的海裡，又吃同樣的飼料長大，所以每一條的品質都不會相差太多，用極端一點的說法來講，就是如果決定了這裡其中一條鮪魚的價格，剩下來的鮪魚都能用相同的價格來定價。這樣一來，競標就已經失去了存在的意義。

再加上這些鮪魚是在飼料豐富的環境下長大，脂肪含量十分豐厚，特別適合愛好鮪魚腹肉的日本人。聽說現在在世界各地的海上，已經開始盛行這種由日本人所研發，擁有確保鮪魚資源意涵的圈養技術。小康他還年輕，在未來的幾十年裡，也打算繼續靠鮪魚來討生活，面對未知的將來，也難怪他會露出這樣憂心忡忡的表情。

場外市場在最近這一兩年裡，突然激增了許多專賣鮪魚的餐廳，甚至連專賣鮪魚的迴轉壽司店也有。鮪魚有黑鮪魚、南洋鮪、大目鮪、黃鰭鮪等不少種類，鮪魚生魚片則是分成腹肉、赤身和骨邊肉三種部位，也可以拿來做成壽司捲。看來光靠鮪魚壽司，似乎就能做出不少生意。以前能吃到鮪魚蓋飯的店家，只有晴海通跟市場通交叉路口的那家「瀨川」而已。但在最近這兩、三年來都有店家陸續跟進，到現在已經有將近十家餐廳推出。而我也樂得到處嘗鮮比較這些便宜又美味的鮪魚蓋飯。辛苦工作後拖著空肚子，大口扒進嘴裡的鮪魚蓋飯，跟高級壽司店的相比，又是另一種截然不同的美味。

在大快朵頤之後，有時候我會忽然想起小康說的話——「在不久的未來，鮪魚究竟會變成什麼樣子呢？」就在這天的報紙裡，刊載了主張保護鮪魚資源的國家，針對日本鮪魚產業，做出了嚴厲批判的報導。

壽司店與魚河岸

開在場內市場周圍的餐飲店之中，就屬壽司店的數量最多了。

自從地下鐵大江戶線開通了以後，來河岸的交通也變得方便許多，除了來河岸購物的客人之外，前來參觀市場的遊客人潮也跟著增加。拜「來河岸就是要吃壽司」的印象

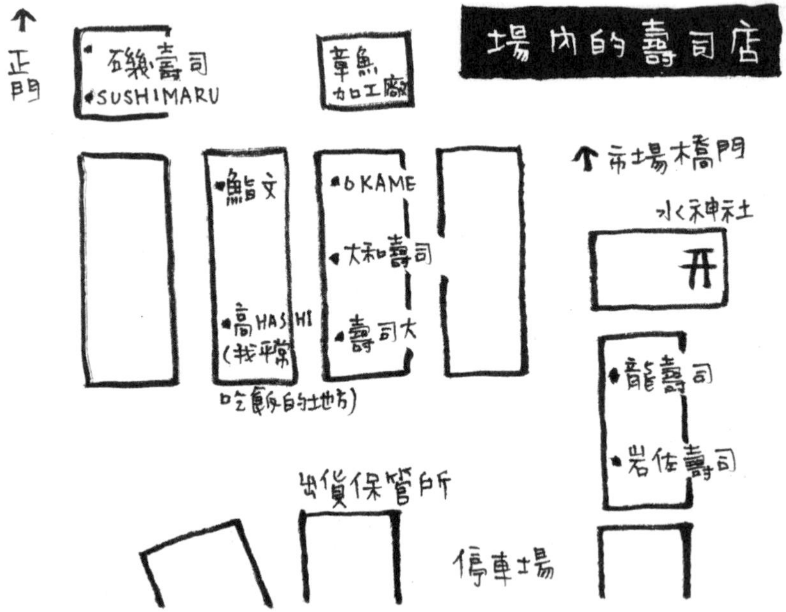
場內的壽司店
正門
磯壽司
SUSHIMARU
章魚
加工廠
市場橋門
水神社
鮨文
高HASHI
(找平常吃飯的地方)
OKAME
大和壽司
壽司大
龍壽司
岩佐壽司
出貨保管所
停車場

所賜，不管哪一家壽司店，經常都被一般遊客給擠得熱鬧哄哄。到了用餐時間，場內排隊人龍第一長的就屬「大和壽司」了，有時候就算排上一個小時也不足為奇；接下來緊追在後的是「壽司大」。其他還有「龍」、「岩佐」和「鮨文」，也是一到中午時刻就會人滿為患。而場外市場則是有「壽司清」、「八千代壽司」、「市場壽司」、「壽司三昧」等等，沿著場外市場前的晴海通上有「壽司好」和「壽司大」，在新大橋通上有「壽司岩」，再往後面走一點還有一家「江戶銀」……光是把我想到的店家列舉出來，就有這麼多家。

最近在場外市場裡，也冒出了不少家鮪魚蓋飯的專賣店——我開始來河岸見習，也不過是四年前的事而已，記得當時看到築地十字路口上的鮪魚蓋飯專賣店「瀨川」時，我還覺得相當稀奇：「真不愧是河岸，光用鮪魚蓋飯就可以打天下了呢！」所謂的鮪魚蓋飯，就是在醋飯上放上浸過醬油的鮪魚，對忙碌的河岸而言，是再適合也不過的料理。由兩位女主人所經營的「瀨川」店內，準備鮪魚蓋飯的空間相當狹小，兩個人站在裡面幾乎已經是極限了。「瀨川」有小小的用餐吧臺，椅子就直接擺在吧檯外的路面上，長得和落地紮根的路邊攤差不多。聽著身後的喧囂吵雜，來上一杯熱茶喘口氣，再大口大口地把飯扒進嘴裡的簡單過程，就是鮪魚蓋飯深深吸引我的原因。

然而就在之後，推出鮪魚蓋飯的店家便像雨後春筍般地出現，甚至有些看起來就像是用竹簾隨便圍起來的店鋪，就開在商家雲集的場外巷弄內，或是直接以露天的方式做起生意。除此之外，就連專賣鮪魚的旋轉壽司店，以及二十四小時營業的壽司店也冒了出來……說不定，河岸是全日本壽司店最密集的地方呢！

畢竟無論如何，開在河岸的壽司店都占盡了地利之便——像是剛剛提到的鮪魚蓋飯專賣店「瀨川」，距離進貨採購的批發商家只有幾家店而已。批貨地點距離這麼近，就像是替壽司店打了一劑強心針一樣。

「濱長」也和河岸的壽司店關係密切——每天早上，河岸的壽司店店長都會上門來採購，跟其他地方的壽司店沒什麼兩樣。但是等到開了店，中途發現有什麼材料不夠的話，只要來一通電話我們就會緊急送過去。河岸的壽司店都比較早開店，所以在中午前就能知道哪些材料不夠用，而這時候，也正好是中盤商們準備要打烊的時間。一接到壽司店打來的電話，店裡的年輕人便會吆喝一聲，驅著圓盤車，馬力全開地往壽司店前進；或是有時候明明才剛看到店長採購完離開，馬上又見幾個穿著白色制服的年輕人，上氣不接下氣地跑進來，高喊著竹筴魚、針魚的，像搶劫一樣地上門補貨。河岸的壽司店就是靠這些剛擺在批發店門口不久，新鮮到不行的壽司魚材來一較高下。

聽說在河岸還有河岸周圍，有許多壽司店都是從魚河岸還在日本橋的時候就開到現在。在這些開在河岸的壽司店之中，也有不少店家在當時是在日本橋開業，之後再跟著魚市場一起搬來築地。壽司可說是在日本誕生的速食，是一種只要在醋飯上放上生魚片，不需要特別花時間等待的食物。我想無論是以前還是現在，河岸附近都會聚集大量壽司店的原因，除了壽司魚材容易取得之外，壽司方便快速的特性，也與河岸風氣十分貼近的緣故吧！

從大老闆還是學徒的時候，他就非常喜歡吃壽司，但是身為區區一介小學徒，想要在河岸附近吃壽司，可是一件不知天高地厚的事情。因為當時只有批發商家的店主們，才有資格掀起河岸壽司店的門簾。所以聽說大老闆以前，都會偷偷摸摸地跑到別條街上去吃壽司。

「早上繞完拍賣場，我就會到壽司店吃個兩、三貫之後再回到店裡。等到了十點，就再去壽司店喝個兩杯，吃點壽司才回去……我以前都是這樣在光顧壽司店呢。」

大老闆這麼說道。看來他似乎有幾家固定去的壽司店。

在回家的路上，店主偶爾會提著鮮魚繞到壽司店去。接著，就會出現像這樣子的場景——

「這是我們今天進的鯛魚啦，幫忙捏個壽司看看吧！」

「唉呀，既然是店主進的貨，那應該就是房州產的囉？」

「聽大盤說是從九州來的啦。看起來長得不錯，脂肪也挺飽滿的樣子……不過我們店裡也是第一次進九州的鯛魚，所以我就想來探探牠的底細啦。」

看著師傅眼明手快地切著送來的鯛魚，店主開口說。

「先拿一點來做成下酒菜，剩下的再幫我捏成壽司。」

看著這樣的畫面，其他客人紛紛露出羨慕的眼光。注意到視線的店主，便大方地說：「剩下來的都是你們的啦。」

「謝謝店主！讓我們大開眼界了！」

就算店主的胃口再怎麼大，別說一整條了，就算是半條鯛魚也不可能吃得完。所以等壽司師傅把一部分留下來後，剩下的鯛魚就會免費請現場客人品嘗。店裡的各個座位紛紛傳來了道謝聲，讓店主的心情變得愉悅不少。

雖然提著鮮魚光顧壽司店，是店主滿足虛榮心的表現，不過這樣的舉動，也是為了更加了解自己所販賣的商品——由於壽司店的師傅對魚材特別挑剔，所以對店主而言，師傅的意見對工作有很大幫助；而對壽司店來說，師傅也有了認識新魚材的機會，店裡的其他客人也能一起開心分享美味，三方都是皆大歡喜。該怎麼說呢，總之就像是一場很有收獲的讀書會啦！大老闆終於能坐在壽司店的一角，光明正大地吃壽司的時候，大概是二十年前的事了吧！

現在的河岸壽司店裡，已經很難再見到這樣的光景，首先，即使是想要像喫茶店一般可以經過就來去喝杯茶之類地上門去，但是壽司本身已經不再是可以簡單來去吃一下的食物了。

大老闆回憶起往事感慨地說：

「現在的壽司店啊，都在追著高級日式餐廳的腳步跑，以前的壽司店哪會進那種只有高級餐廳才會用的高檔魚啊！」

除了壽司店以外，「濱長」現在也有跟不少餐廳做來往。除了鰻魚跟鮪魚這種高級魚之外，店裡經手的鮮魚可說是應有盡有。不過在以前，「濱長」的魚貨主要都是以壽司魚材和天婦羅材料為中心。

「像我們這種一般的魚販啊，以前又被稱為小物屋。大掌櫃負責白肉魚跟生貝（鮑魚），另一個人負責星鰻和小鰭，而我則是負責赤貝……主要差不多就是賣這幾種吧！另外，說到其他魚貨的話嘛，有鯖魚和鳥蛤，還有青柳貝和烏賊這幾種。鮪魚是大物師[56]在負責，而比目魚和鯛魚這種高級魚，則是上物師的業務。所謂的上物師啊，就是以高級餐廳為主要客層的中盤商，他們幾乎都是經手高檔的鮮魚。」

56 專門經手鮪魚買賣的中盤商。

在以前的魚市場，批發的類型就像這樣被分類得相當仔細。但是在三十年前，小物屋、上物屋、鮑魚類、香魚類，還有海草類等七種類別，全都被歸類成「特殊・近海魚類」，「濱長」也差不多是從那個時候，開始增加批發的鮮魚種類。

「以前啊，像我們這種小物屋經手的白肉魚啊，都是目鯛、長尾濱鯛、姬鯛等等，每一種魚的肉質都很好，料理起來非常容易入味呢。」

好好灑上冰塊作保鮮的話，這幾種魚都可以擺上個一星期左右，加上肉質柔軟，料理起來很容易入味，也很適合拿來做成握壽司。

「要是店裡進了比目魚，我們還會特地打電話通知熟客，處理起來特別小心謹慎呢。銀座那裡不是有一家叫『AOYAGI』的壽司店嗎？我就常常送比目魚到那裡。畢竟像我們這種小物屋啊，以前很少碰到比目魚這種高級魚嘛。」

據大老闆的記憶，大概從昭和三十年代開始，用來做壽司的生魚種類便逐漸增加。隨著冰箱的普及和交通的發達，當社會進入了高度成長期後，大家的生活也變得越來越富裕。雖然大老闆很清楚現在壽司店，是在這樣的時空背景下才產生了變化，但他似乎還是對過去的模樣懷念得不得了。

「以前這些壽司材料啊，都有各自不同的工作使命呢——會拿來做成燉煮類握壽司的就是文蛤啦、烏賊啦，還有星鰻、銀魚這些吧？醋漬類握壽司的話，就會想到小鰭和鯖魚，還有針魚、鱚魚和竹筴魚這些。其實稍微醋漬過的子鯛也很美味啊。鮪魚和鰆魚也可以用醬油來醃漬……說到這裡，現在吃壽司可真是寂寞多啦，要是客人不主動說，師傅就會接二連三地端出生魚握壽司出來。以前吃壽司都會從醋漬類先開始，接著換成燉煮類，中間再穿插幾個白肉魚的握壽司，一路吃下來，味道會不斷跟著改變，會讓人有一種『啊啊，我吃到壽司了』的心情呢。」

沒想到有事沒事就經常跑去吃壽司的大老闆，意外地對現在的壽司相當不滿。我似乎能夠隱約理解大老闆心裡那份若隱若現的心情。壽司店在追求美味的生魚壽司時，使用的魚材總是不外乎鯛魚、比目魚、白鮒和紅鮒等高級魚，價位當然也會跟著節節升高。現在除了旋轉壽司店之外，現在的人已經無法輕鬆上壽司店隨意吃個幾貫了。

所以等到了冬天，子鯛開始進貨時，大老闆就會站在店門口，用著嘶啞的聲音招呼客人：

「要不要參考看看春子啊？這麼新鮮的天然春子一公斤只要七百圓。我們店裡就屬牠最划算了喔！有沒有興趣買一點回去啊？」

子鯛的漢字寫作春子，我們在「濱長」都是直接稱牠為春子，是一種體長不到十五公分的鯛魚幼魚。牠的模樣雖小，但每一條都帶有櫻花粉紅的魚鱗，美到讓人不禁看得心神蕩漾。

「看起來是不錯啦，可是春子處理起來很費工啊，光是平常的魚貨，就夠讓我們店裡忙得焦頭爛額了啦。」

熟識的壽司店老闆站在大老闆面前，拿起魚瞧了幾下，卻完全沒有要購買的意思，看來春子的銷路並不怎麼理想。

最後賣不完的剩貨春子雖然還是找到了買家，但對方是一家號稱「只要刮掉魚鱗，去頭去內臟的話就願意收購」的店。所以就在快要打烊的時候，大老闆跟我都在店裡默默地分工刮著魚鱗。

「怎麼會這樣啊？我只是想幫客人省點錢，讓他們可以多賺一點啊。怎麼都沒人想買呢！」

聽著大老闆的抱怨，我的心情也變得好複雜。

當春子刮完魚鱗後，還要經歷一道麻煩的醃漬步驟才能做成握壽司——雖然鹽漬後再醋漬的方程式跟小鰭和鯖魚沒什麼兩樣，但春子還得要謹慎小心地挑掉纏人的小魚刺才行。我曾經把春子帶回家練習過好多次，可是一到了挑魚刺的步驟時，光是挑到第五、六條，就會弄得我唉唉叫了。

等春子長大到成鯛，同樣也可以成為壽司的材料，而且使用新鮮的養殖鯛魚，還能壓低壽司的價格。鯛魚一早會在河岸放完血，到了黃昏，端上壽司店吧檯時，魚身會開始出現僵直狀態，客人就能在此時品嘗到鯛魚彈牙有勁的口感。鯛魚除了營養價值相當豐富之外，也因為運動量少的關係，跟人類一樣囤積了許多脂肪，所以吃的時候不但口感新鮮彈牙，油脂又非常飽滿，非常受到客人的喜愛。

這也難怪對於尋求平價魚材的壽司店來說，新鮮的養殖鯛魚會這麼受到歡迎。不過大老闆並沒有因為春子銷路不好就氣餒，他接下來的目標，轉移到了針魚的身上……

雖然針魚的產季一般都認為是在早春，但這時候的針魚，都已經開始漸漸身懷魚卵。因此身體緊實，最符合其門栓形象的，應該是在冬天登場的針魚。只不過針魚在此時才剛上市，當然價格也特別高昂，於是大老闆特地找到了一種來自愛知的小針魚——因為比一般尺寸大的鮮魚需求量多，通常價格也會比較昂貴；而長度不滿平均標準的小針魚，當然也就特別地便宜。

但儘管價格便宜，這種小針魚的體型卻格外瘦小——去除掉長長的嘴部後，身長只有二十公分左右，差不多就跟長一點的鉛筆一樣大，而一般針魚的大小，可是有三十公分長。

「真是的，怎麼長得這麼小啊！拿來作魚乾還差不多。」

彷彿代表了大家的心聲一樣，帳房的大姊若無其事地在嘀咕著。這句話似乎也默默透露出，這種小針魚很難會得到壽司店青睞。由於針魚的肚子容易腐壞，所以陳列的時候，通常都會面向鋪滿冰塊的箱子，一條條地整齊排列好。但是這一次的小針魚，似乎只是隨便塞進箱子裡，外觀看起來十分窮酸。所以其實在我的心裡，也跟帳房大姊有同樣的感覺。

注意到店內氣氛的大老闆，怒氣沖沖地大聲咆哮：

「少在那裡亂開玩笑了！這麼便宜的針魚是要上哪找才找得到啊！你們自己看看阿真進的針魚！跟他進的貨比啊，這種的便宜了一半以下呢！針魚的價格啊，本來就不應該炒得那麼高啊！這種針魚雖然小歸小，但是你拿去做半身漬看看，包準好吃到讓你說不出話來啦。現在哪裡還有成本只要三、四十圓的針魚半身漬啊！」

當壽司店上門光臨時，大老闆又會將剛剛的內容重新覆誦一遍，火力全開地推銷便宜的小針魚，但結果又是碰了一鼻子灰。雖然也有幾家壽司店願意買回去嘗試，可是他們真正想要的，果然還是一般普通大小的針魚。

結果這一次，我又和大老闆在店裡埋頭切著針魚——因為必須要先把針魚做好處理，壽司店才會願意收購。大老闆仔細端詳著切好的針魚，不甘心地發著牢騷：

「為什麼就是沒有人要買呢？因為很費工夫嗎？這麼小隻的針魚，本來就是要多花一點時間處理嘛！我跟妳說啊，就是要做大家都不想做的事情，才能賺得到大錢啊。為什麼他們就是不懂這條鐵則呢？就是因為這樣，現在的壽司店才會變得那麼貴啦！明明只要來一趟河岸，就能發現這麼多天然又新鮮，可以大賺一筆的便宜食材啊。」

這些可以做成壽司的鮮魚，價格確實正在逐漸上漲，本身的漁獲量也正在銳減當中。漁民們都是在世界各地的海上，為了這些魚彼此爭得你死我活——但其實就跟大老闆說的一樣，只要低頭看看四周，在河岸用心尋找，一定可以發現意想不到的美味。雖然不曉得這對壓低壽司整體價格能有多少幫助就是了……

只不過這次大老闆所做的一切，感覺就像在白忙一場。

但就算只是白忙一場，只要今天能攔截到一家壽司店，大老闆還是會向他大力推銷這些便宜美味的壽司材料。

場外市場購物趣

小魚干、昆布、海苔、魩仔魚、茶葉、紅茶、醃漬品、鹽漬鮭魚……

自從我開始來河岸報到後，我的日常生活用品幾乎都是在場外市場買的，這裡大約有四百家跟飲食相關的商家。我第一次來這裡的時候看什麼都新鮮好玩，到處東逛逛西買買的，但到了最後，我也只會固定去光顧某幾家店。

不要不懂裝懂，不清楚就直接問店家——這大概就是在場外市場買東西的訣竅吧！畢竟店員個個都是經驗老道的行家，在跟店員聊天的同時，為了讓客人可以不用花大錢，就能買到想要的東西，他們不但會拿出經濟實惠的家庭號商品，還會告訴你許多料理的方法。再來就是，一旦決定在這家店買就別再三心二意，時常回來光顧，好好跟店家打好關係吧！雖然我每一次去買東西都很小氣，但是店家教給我的東西，卻已經多到數也數不清了。

例如像是用烤吐司機稍微烤一下烤海苔，海苔香氣就會變得更濃郁啦，或是手工製做酸桔醋醬油的方法啦，甚至到菜單上的糖煮無花果乾，還有櫻花蝦燉大頭菜的做法等等，例子怎麼舉也舉不完。而且為了知道店家們的知識，之後我又會再去光顧好幾次。雖然在家裡附近的超市，也能買到很多物美價廉的商品，包裝上也會寫好料理方式或一些實用小知識；但是在這裡，我可以直接接受店家的指導，還能一邊買東西，一邊感受熱鬧喧騰的市場氣氛。所以我總會氣喘吁吁地，提著沉重的購物袋換電車回家。

接下來我就跟著我平常逛街的腳步，按照順序一一為大家作介紹吧！

首先是「丸山海苔店」。在店內的牆壁上，裝有一臺長得像老舊冰箱，店裡的人都叫它「DOUKO」的大型機器。有一次他們還特地打開那扇沉重的門，讓我看看裡面的樣子——機器裡面排滿了層層的海苔，而且全都是壽司店專用的海苔。當那扇門一打開時，安政元年（一八五四）創業的老店驕傲，就隨著濃濃的海苔香隨風飄逸。但是那些海苔，請恕我還是買不下去。像我這種小氣鬼奧客，頂多也只會買擺在店門口的「佐賀初採黃金海苔」。這名字雖然聽起來很氣派，但其實也不是什麼很特別的東西，就只是壽司海苔裡挑出來的瑕疵海苔罷了。不過，這可是十一月從海苔網上採下來的佐賀海苔，就算是瑕疵品，滋味和香氣都還是非常道地，拿來捲捲飯糰，或是做為早餐中的一道料理都相當夠味。

雖然我對海苔也只是一知半解，但據說海苔是依照顏色外觀和味道來做分類，而重視味道的「丸山海苔店」，選擇的就是佐賀海苔。基本上來說，海苔的顏色越接近黑色，味道就會越好。店家還親切地拿出瀨戶內海產的海苔給我看，兩者相比之下，確實是佐賀海苔的綠色比較深。

接下來是海苔店對面的「壽屋商店」——有一次我為了要買小魚干，碰巧就走進了

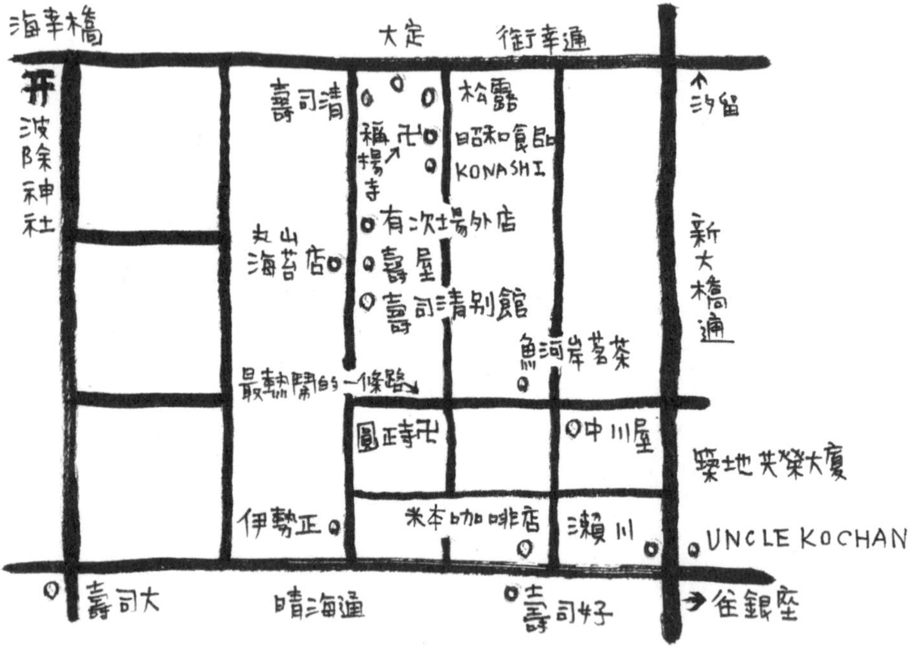
海幸橋
大定
汐留
壽司清
松露
昭和食品
KONASHI
波除神社
有次場外店
丸山
海苔店
壽屋
壽司清別館
新大橋通
魚河岸茗茶
最熱鬧的一條路
圓正寺
中川屋
築地共榮大廈
伊勢正
米本咖啡店
瀨川
UNCLE KOCHAN
壽司大
晴海通
壽司好
往銀座

這一家店。在此之前，我也曾去過不少店買過小魚干，但我還是第一次碰到，請客人直接把手塞進小魚干山裡挑選的店家。而我塞進小魚干山裡的手感覺到了一陣冰涼——

「這是當然的啊。因為是從冰箱裡拿出來的嘛。大姊啊，妳都是怎麼保存小魚干的啊？」

「裝進瓶子裡，然後放在瓦斯爐的旁邊。」

「唉呀，妳怎麼會這樣做啊！大姊啊，這樣不對啦，小魚干可是生鮮食品喔。建議妳放進冰箱保存比較好。」

讓客人把手塞進小魚干山挑選的舉動，讓我感受到了這家店對小魚干的堅持。店家還繼續熱情地跟我說明四種不同等級小魚干，像是牠們的產地啊還有什麼的。最後，我就買了其中最貴的一種。對我這個不太稱職的小氣鬼來說，小魚干是我唯一經常拿來煮高湯的食材，所以我就特別大手筆地買了下去。從此之後，雖然數量不多，我都會來河岸買個三百公克小魚干。

但是小魚干課程還只是序章而已，接下來的昆布篇才更是慷慨激昂。對於每次買昆布，都是去超市憑感覺隨便挑的我而言，店員說的昆布物語實在是讓我昏昏欲睡。簡單從結論來講，昆布的好壞並非以等級來分，而是從產地或背景來評斷品質。例如像是著名的利尻昆布，其實從北海道的留萌到紋別所出產的昆布，都可以叫做利尻昆布。而其中榮獲最高榮譽的，就是來自利尻島及禮文島，稱為「島物」的昆布。如果是要拿來做昆布漬生魚片的話，則建議可以買羅臼昆布，這種昆布的味道不但好，使用的範圍也相當廣，壽司店裡的昆布漬生魚片，就是用這種昆布來做的。只不過因為產量少，價錢也相對來得比較高。另外，最經濟實惠的就屬日高昆布了。因為日高昆布比較柔軟，很快就能熬煮出高湯，燉煮料理時也能派上用場。店員就站在昆布前，激動地向我說明這些昆布的故事。

雖然聽店家講解了這麼多，但平常我使用的昆布，都是放在店門口，裝在塑膠袋裡的特價日高昆布片。以前我買昆布回家時，都會一邊看個電視一邊將昆布切成六～七公分的大小，好方便以後做料理時可以馬上使用，而這種特價的昆布片，正好就是我平常切的大小，幫我省下了一道工夫。更重要的是價格便宜，就算一口氣用上一大把也不用擔心。

就像是站在雜貨店前的小孩子一樣，每次我都會在這家店找到一點新玩意。其中的高湯粉，也是我的意外收獲之一。高湯粉裡面有乾香菇、蝦米、飛魚（文鰩魚）、小魚干、乾貝柱等材料，簡單來說，就是把手邊有的煮高湯材料全打成粉末，然後混在一起做成粉末，在店後方，還能看到店員正在埋頭製作著高湯粉。

櫻花蝦乾也是我家冰箱裡的常備食品，不論是煮還是炒都很派得上用場。這家店賣的肉鰛仔也非常好吃；另外，還有無花果乾我也十分推薦——可以把無花果乾泡在甜紅酒裡兩個晚上左右，等它泡軟之後再慢慢熬煮，就會變成一道很棒的甜點。啊，對了，差點忘了還有大包裝的天津甘栗，雖然這裡賣的甘栗都是不完整的瑕疵品，但味道跟市面上賣的沒什麼兩樣，也是我平常必備的點心之一。總而言之，每次在這裡跟店員一聊開就會捨不得走，是一家進去不買點什麼就會怪不舒服的店。

接下來再隔幾家店，就是店門口掛著「鰹節・海產物」招牌的「伊勢正」，我總會在這裡買寒河江的「蕎麥細麵」——現在這款蕎麥麵，已經變成了我家的常備麵食了。「不論是冬天熱熱吃，還是夏天冰冰吃都是絕品美味。真不愧是蕎麥麵勝地寒河江市的味道。」我甚至還擅自替它下了這樣的評語。看著老是稱讚蕎麥麵的我，海產批發店的「伊勢正」老闆好像都會露出苦笑的表情。

再來說到開在那條天天人潮洶湧小路上的「魚河岸茗茶」，店家還會在店門口請客人免費試喝。我通常買的都是煎茶「HIGH COLOR」，其他還有像是「自戀狂」、「天下一」、「SYANN」等名字很有趣的茶葉，我也經常買來當土產送人。

再往前走的「中川屋」，是一家賣醃漬品的店。我常在這裡買醃蘿蔔乾和野澤菜，還有一種叫淺漬榨菜的醃漬品。淺漬榨菜就如同它的名字一樣，是稍微醃漬過的榨菜，聽說是從茨城縣送來的，不但味道清爽口感又爽脆，是非常下飯的醃漬小菜。

接著走過新大橋通，來到「UNCLE KOCHAN」，這是位在遍布日式食材的河岸裡，難得的一家進口食品店。我總會隨手買一塊擺在店門口、義大利或荷蘭製的板巧克力。店裡陳列了許多無農藥番茄醬之類的瓶瓶罐罐，而其中我最大的目標，就是「Brooke Bond」等品牌的英國紅茶。我喜歡用濃得像濃縮過的紅茶和牛奶，以五五比例來調成奶茶，早上如果不來個一杯，我的眼睛就沒辦法完全睜開。所以我總是會挑上面寫了「Breakfast」的紅茶，因為這種紅茶味道出來得又快又濃。這裡的瓶罐都是在運輸時受損凹陷，無法擺到高級進口店販賣的特價瑕疵品，因此我總會特地跑這裡來買紅茶。而且因為瓶罐外觀受損而降價這件事，更刺激了我對它的購買慾。

那麼現在也差不多逛累了，我們就先暫時休息一下，去「米本咖啡店」喝杯卡布基諾吧！每次我帶朋友來這裡，她們總會讚嘆地說「好像來到米蘭的小鎮上」，或是「我在紐約也看過這種店呢！」店門口放著一桶桶咖啡豆，店內的吧檯前和牆邊都擺了小小的座位，地板則是未經裝潢的水泥地。黑斑點點的水泥地板，與白牆壁形成了鮮明的對照，而且腳步所到之處，幾乎都會看到有如閃電般的裂縫……不過這樣的景象，卻也別有一番風味，也難怪為何朋友都會覺得這裡像國外的咖啡店了。我把這件事告訴老闆之後，他發出怪異的笑聲向我解釋：

「因為我們店裡很多客人都是來河岸採購的，所以為了應付大家腳上的長靴，我才會用水泥地板的啦。」

飲料是自助式，吧臺上也擺著小點心，我就一邊啃著長得像餅乾，六十圓的俄羅斯茶點，一邊品嘗著卡布基諾。這家店就像鰻魚睡覺的地方前後貫通，店後方也可以連接到外面，往店裡面走，那扇通往外面的小門上，掛著一塊寫了「米本小路」的看板。屈身穿過小門後，外面是一條似乎從昭和初期就存在的長屋小路；抬頭往上看，則是一片宛如魚糕板的藍天。

接著從「米本咖啡店」的後門，再繼續往場外市場前進，最後來到的，是由美上班的鹽漬鮭魚店「昭和食品」。差不多在十年前，由美因為在這家店打工的關係，深深受到河岸的獨特氣氛所吸引；而現在，她則是跟老闆娘兩個人一起經營這家店。由美不像我是坐電車通勤，每天不論刮風下雪，她都會從東中野騎腳踏車來上班。不過由於由美很愛喝酒，為了讓禮拜六可以毫無忌憚地大喝特喝，到了周末她就會把腳踏車寄放在店裡，每個禮拜一固定坐電車來上班。

每次去到店裡，由美不是在切著鮭魚，就是無所事事地站在店裡，總之她一定會在。我喝著店裡招待的茶，在一旁發起呆來。看著由美跟老闆娘從容不迫的做生意方式，經常都讓我坐立難安——因為這裡明明賣了這麼美味的鹽漬鮭魚，由美卻很不會招攬生意。

偶爾有路過的客人站在門口端詳著鮭魚時，我就會在一旁熱血沸騰地想：「有生意上門囉。」但只見由美扭捏地對客人說了一聲「歡迎參考看看！」接著就低著頭，緊張地站在一旁。最後客人斜眼瞄了瞄由美後，又繼續往前走了。唉啊，太可惜了啦！客人又跑掉了啦⋯⋯

「我就是不會推銷嘛⋯⋯」

妳在說什麼傻話啊，由美！妳們店裡明明有這麼多賣點可以宣傳不是嗎？如果買了一整條鹽漬鮭魚的客人不會切魚，店裡可以幫忙先切好；如果客人喜歡重口味，可以幫他多灑點鹽。店裡也有賣半邊的鹽漬鮭魚；要是客人有國際運送的需要，也有提供真空包裝的服務——畢竟國外雖然也有鮭魚，可是買不到這種鹽漬鮭魚；擺在店門口的超重鹹鹽鮭切片也不是只有鹹而已，可是充滿熟成的鹽漬風味；還有旁邊的鹽鮭切片，可是當季的秋鮭啊！要不然還可以跟客人說：「今年的鮭魚大豐收，不趁現在便宜的時候買可就虧大囉！」或者說：「今晚要不要用這些超值鮭魚煮個鮭魚火鍋啊？」唉啊，要是由美可以隨便挑其中幾句來講，客人一定會蜂擁而至了吧！

場外市場的店家個個都是蓄勢待發地等著做生意，看著溫溫吞吞的由美，真的是讓我擔心得不得了。

但是，冷靜下來想想，各自擁有不同個性的店家，也是場外市場的魅力之一。只要客人上門光顧過一次，一定會慢慢了解這家店的好。因為就算由美這麼不會拉生意，她們的店不也順利撐到現在了嗎？即使不用死纏爛打地推銷，我想客人也會被由美跟老闆娘的敦厚老實，有如溫番茶一樣的平實性格所吸引吧？畢竟每一家店做生意的方式都不盡相同，我不能這麼操之過急啊。不行啊，不行！我現在簡直就像是個愛管閒事的歐巴桑了嘛。

由美的店總是排在我場外購物的最後一站——到了下午三點，幾乎所有店家都開始拉下鐵門，在這條變得冷冷清清的街道上，由美跟老闆娘兩人把玻璃冰櫃裡的鮭魚放進店內冰箱，再把玻璃冰櫃的門全拆下來，然後兩人就一邊用紅腫的手搓揉著鼻子，一邊開始用水清洗冰櫃門。

要離開店裡時，我會開口跟她們說：「我下次再來喔！」可是我有可能會明天來，也有可能是一個月之後再來也說不定。但儘管如此，她們兩人永遠都會笑臉盈盈地迎接我的光臨，彷彿我們昨天才剛見過面一樣。我想我以後應該可以一邊喝著茶，一邊把「拿出點氣勢來做生意嘛！」這種話好好卡在喉嚨裡吧。

第四章

魚河岸時空散步

築地的履歷表

每當在「濱長」弄得一身魚鱗時，我都會忍不住想像，要是我就用這副模樣穿越時空，回到以前江戶時代的話，一定會在過去引起一陣軒然大波吧！

魚市場是在八十年前轉移到築地的，在此之前，築地究竟是一個怎麼樣的地方呢？將時鐘轉到四百年前，讓我們回到當時的築地看看吧。那時候，正好是德川家康進入江戶之際……

據說德川家康是在天正十八年（一五九〇）進入江戶，當時的築地，還隱藏在海平面的下面。除了日比谷河口下游，日比谷村的漁夫會在這裡乘著小船捕魚之外，也沒什麼大船會經過，是一片安祥平靜的海面。

慶長八年（一六〇三），家康在江戶建立了幕府後，便發布「普請天下」之令，開始著手將江戶改造成適合當作首都的大城市——摧毀神田山，填平日比谷河口灘地，改變河流的流向，建造新的水路運河，全是改變江戶地圖的浩大工程。這時候的築地，仍然還是躲在在白浪滔滔的海面下。不過此時，海的模樣不但出現了變化，海面上的沙洲也被填平成地，出現了佃島的身影。而從近畿一帶開往江戶，載著貨運的船隻也在這附近往來盛行。

幕府創立五十多年，江戶被改造為強固的堡壘，脫胎換骨成一座名符其實的大都市。但就在這個時候，又再次出現了一件足以改寫地圖的大事件。明曆三年（一六五七）一月，發生在本鄉丸山本妙寺的火災，將整座江戶城燒成了一片焦土。由於城內房舍密集，再加上強風的助長，火勢變得一發不可收拾，江戶城彷彿就像是被凶猛殘暴的火龍給吞噬得一乾二淨。

經過這一次的教訓後，幕府將原本密集的武家住宅和民宅分散建造，讓江戶城又變成另一種面貌。而其中一項作業，就是在築地一帶進行填海造地的工程。

填海造地於隔年的萬治元年（一六五八）開工，位於河岸後門海幸橋頭的波除神社就是在這個時候誕生——

聽說波除神社的起源，是因為填海造地工程不順利的關係。當時在進行填海造地時，築好的堤防不斷被席捲而來的大浪沖垮，導致工程變得困難重重。然而就在某一天，海上漂來了一尊稻荷大神的神像，於是大家便在這裡建造了神社，誠心誠意地供奉稻荷大神。接著說也奇怪，自從神社蓋好後，海面就變得風平浪靜，工程也平安順利地完工。

以前不像現在有大型機器可以幫忙，所有工程都是靠人海戰術來完工，碰到窒礙難行的工程時，自然會期盼能得到神明保佑。因為在過去，人們的心靈比現在還要來得更樸實純真。不論是波除神社，還是用沙土堆砌出來、因而被命名為築地的土地，都能從名字看出那裡以前曾是一片汪洋。

接著下來，淺草的西本願寺就搬遷到了這片新土地上。據說這棟寺院，主要是由佃島的信徒們所建造出來的，而這也就是現在築地本願寺的前身。

現在河岸一帶的土地，在過去都是用來建造武士們的下屋敷[57]和倉庫。當時的大名全是人人稱羨的大地主，不但擁有離江戶城較近，方便通勤的上屋敷，在風光明媚之地有當作別墅的下屋敷，還有用來儲藏米或其他生活物資的倉庫。而大名手上的這些土地，全都是由幕府所賜。用現代的情況來比喻，就像是一家名叫幕府的公司，提供住宿給員工一樣，聽起來是多麼奢侈的時代啊！

由於築地是一片面海的土地，因此有大名會在這裡建造下屋敷作為自己的後花園，也有人會因船運之便把倉庫設在這裡。

在過去得到河岸土地的大名們，其實幾乎都是一些大名鼎鼎的人物，例如我跟鮮魚搏鬥得滿身魚鱗的那一帶，剛開始就是小田原藩主，稻葉正則的所有地。當時稻葉正則在這裡建了一座名叫「江風山月樓」的庭園，據說在江戶也是相當著名的名園。

之後這塊土地分別分割給了稻葉長門守、松平越中守還有一橋卿這三家大名，而這塊沾滿魚鱗的地方，就落在德川御三卿其中之一的一橋卿手上。雖然末代將軍德川慶喜出身於一橋家，但在慶喜的時代裡，這片築地是拿來當作倉庫使用，身分地位如此高貴的將軍，應該不曾來過這個被視為倉庫的地方。不論如何，至少我現在和魚纏鬥的這塊土地，曾經跟將軍有著這麼一層的關係。

接著離魚鱗四散的地點幾百步距離，包括群集了等著運至東京各地之魚貨的茶屋（出貨保管所）、果菜市場、還有我經常光顧的餐飲店鋪一帶，全是松平越中守的土地。這位松平越中守就是擔任老中筆頭[58]，因寬正改革而聲名大噪的松平定信。不過這項改革卻因為過於激烈嚴謹，遭到人民嚴重的反彈。當時甚至還出現「清澈白河難容魚，情繫混濁田沼時[59]」這種諷刺改革的狂歌。

57 依照距離江戶城的遠近來分類命名，離江戶城最近為上屋敷，以此類堆。上屋敷為大名主要居住地，中屋敷由嫡子或隱居者居住，下屋敷則是類似現代的別墅。
58 類似為宰相的職務。
59 意指與其生活在嚴謹的寬政改革裡，倒不如回到過去貪腐敗壞，田沼意次攬權的時代。

松平定信雖在築地建設了倉庫，但他也仿效稻葉正則的江風山月樓，建造了一座名為「浴恩園」的庭園。在他隱居之後，便以樂翁之名在這裡生活。興趣廣泛的松平定信，還留下了一篇關於浴恩園，題作「樂翁公自選浴恩記」的文章。讀過這篇文章後，就能曉得這是一座一年四季隨時都充滿樂趣的庭園。

浴恩園以兩座名叫春風池和秋風池的海水池為中心，沿著春風池畔走，可以看到幾棵已綻放的梅花樹，和連綿不絕的櫻花並木，棣棠花和麻葉繡球旁還有嬉鬧飛舞的蝴蝶，杜鵑花也在怒放爭妍著；走到秋風池畔來看，會看到楓樹的紅葉、葛藤和胡芝子，還有菊花、雞冠花、芍藥和牡丹的盆栽。除了不少柿子、梨子和蘋果的果樹之外，甚至還有種了茄子和黑眼豆的菜園……

是一幅難以從人潮洶湧，車多魚雜的現代河岸中想像的風景。

不過在河岸裡，可以靠一樣東西來想像當時浴恩園的景色——那就是石頭。由於樂翁相當熱愛石頭，所以文章裡總是大篇長論地在敘述庭園裡的石子。

「要是石頭擺多，這兒就變成石苑了。老翁想做的事，是把各式各樣的石頭堆疊成山、堆砌成池，讓石頭的色彩跟姿態可以變化無窮。」松平定信會像這樣興奮地在文中如此敘述。接著再看下去，就是關於石頭的由來、形狀和顏色之類的內容。

現在在河岸裡，有一塊疑似是樂翁所收藏的石頭——在河岸的一角，一塊黑漆漆的大石頭就放在祭祀水神的祠堂前，石頭上還刻了水神的由來。據說這是當時進行築地市場工程時，從以前浴恩園附近挖掘出來的石頭——這件事是負責照料水神大人，以前為日本橋打火隊頭頭的稻垣先生告訴我的。稻垣先生已年過七十，他說這是他小時候聽來的故事。代代相傳的故事聽起來，總覺得多了好幾分真實感，也讓我深信那塊黑石，就是樂翁自豪的石頭收藏之一。

順便一提，我會開始對過去的築地產生興趣，就是因為那幅鑲在水神祠堂的石牆上，描繪了浴恩園風景的銅版畫。但令人遺憾地是，銅板畫上盡是灰塵跟髒汙，周圍也是滿地垃圾，而且還放在廁所出入口附近，環境十分地惡劣。就連我也是在河岸待了一段時間後，才發現這幅畫的存在。明明這是昭和初期時，為了紀念築地魚河岸完工所製作的銅板畫。不知道未來魚河岸搬遷時，這幅畫又會變得怎麼樣呢？

那麼接下來，在松平越中守領地的隔壁，包含那些批發店家林立的建築物南側還有果菜市場，甚至從新大橋通到朝日HALL那一帶為止將近三萬坪的土地，全都是屬於御三家之一——俸祿高達六十一萬石的尾張家。德川御三家之中最有權勢，以名古屋城為居城的尾張大名，就在這裡建造了倉庫。

尾張家用一半的土地建造池子停放船隻，在倉庫內則是擺放著從國內運來的米跟生活用品，以及保管了尾張藩財務來源的瀨戶燒。雖然在江戶也有製造今戶燒的窯場，但是只有生產砂鍋、火盆、瓦片等生活雜物。進入江戶時代後期，笠間跟益子等地雖然也開始製作陶器，但還是尾張出產的瀨戶燒略勝一籌。尾張禁止販賣個人燒製的瀨戶燒，必須全部上繳至藩的倉庫裡，運到江戶對外交通門戶的築地倉庫，再輾轉由御用商人運至江戶城內販賣。

根據古書記載，在安政三年（一八五六）十一月，從尾張各地收集來的瀨戶燒共有十三萬兩千八百八俵[60]。只要想想每一俵都緊緊塞滿瀨戶燒，就能曉得這數量到底有多驚人了。

堆積起來的瀨戶燒重量相當可觀，從船上運到舢舨，再搬至倉庫的作業，都是非常辛苦的勞力工作，而負責卸貨工作的，就是一群被稱為小揚的搬運工。

其實這群小揚們，也留下了一份紀念品在河岸——在波除神社裡供奉了一只需要雙手環抱的鐵製大水桶，水桶的側面清楚刻著「天保八年奉納　尾州　御藏．小揚」。雖然它就擺在拜殿前任憑日曬雨淋，但這可是小揚們替尾張大名付出勞力，用辛勤工作賺來的錢，獻納給神社的紀念品呢！

雖然這只鐵製水桶現在看起來只是占空間的雜物，沒有任何人會對它感興趣，但是在那個時代，鐵似乎是相當難得的貴重物品。在有關江戶橋梁的資料中能發現，當時有很多人會竊取橋上的金屬器具拿去轉賣，還讓束手無策的幕府三番兩次發出禁止販賣「二手鐵礦」和「二手鐵製品」的布告。當建築物被火災燒毀後，大家甚至還會從殘跡中找出釘子之類的金屬製品，重新鍛造後再使用。當時每一項鐵製品都是一而再，再而三地回收再利用。在那個連一根鐵釘也要珍惜的時代裡，要做出雙手才能環抱的大鐵桶，一定得要花上一筆相當可觀的費用。從小揚可以得到金額如此龐大的報酬來看，就能想見尾張大名和小揚之間的密切關係。

接下來進入了明治時代——

大名的宅邸被明治政府沒收，開啟了一段全新的歷史。

由於明治新政府打算將築地設為海軍的軍事用地，因此在這裡聚集了海軍機關、海軍兵學寮、海軍技術研究所……之後還有海軍大學、海軍軍醫學校、海軍經理學校跟海軍軍樂隊等許多海軍相關的設施。

60 用來裝米、木炭等物資的草編袋。

明治十年，海軍兵學校在明治天皇的面前，進行了已測試過多次的熱氣球升空實驗。但是最後卻以大失敗收場。巨大的熱氣球掉落到某個海濱，聽說當地漁夫還以為這是打哪來的大怪獸，拚命把氣球打得稀巴爛。三代廣重[61]將當時實驗的景象畫成了「築地海軍機關於操練所御試氣球之圖」——這幅畫，可是一幅難得的妙作。我想廣重先生應該不曉得他畫的熱氣球，其實是利用燃燒瓦斯產生的蒸氣來飛行的吧？畢竟當時的人一聽到蒸氣一詞，應該都會以為是蒸氣火車，而且在這幅畫作裡，熱氣球的旁邊就畫著一臺像是蒸氣機關火車的車子，彷彿道盡了明治時代的混亂模樣。雖然對廣重先生很不好意思，但每次看到這幅畫，我都會忍不住笑出來。

總而言之，築地就成了海軍的中樞基地，明治天皇經常有事沒事就會來這裡出巡。從海幸橋的橋頭為起頭，往新大橋通方向的那條「御幸通」，就是當時天皇出巡時所走的道路。也難怪河岸的老鳥會說，比起現在交通量大的晴海通，和晴海通平行的御幸通，才是自古以來的主要幹道。

不管哪一塊地，都留下了令人意想不到的歷史。無論是海面下誕生的土地，還是武家宅邸群集繁盛的場所，亦或是海軍發祥之地，這些地方全是現在的河岸。

接著，關東大地震摧毀了日本橋，魚市場在大正十二年（一九二三）遷移到了築地。

希望永存於心的街景

過了下午三點後，場外市場便會在轉眼間變了表情——感覺大門內人聲已然沉寂的場內市場，在此只是單純暫時停止了市場運作；但是場外市場卻是開始浮現出居民的生活氣息，還有這塊土地的歷史痕跡——彷彿像大潮一退，便趁機露出來的淺灘一樣。原本以為風平浪靜的海面之下，在潮水退去後卻意外地出現布滿海藻的岩石……我最喜歡在這個時候沿著遙遠過去的痕跡，在場外市場附近漫步。

店家紛紛把原本擺在路上，那些堆積成山的海產啦蔬菜啦，還有菜刀和餐具之類的商品通通收進屋子裡，拉下牢固的鐵捲門。不只是逛街購物的路人，路上連做生意的人也不見蹤影。道路沐浴在傾斜的大太陽底下，跟中午前的模樣相比，感覺好像被拓寬了好幾倍。走到大馬路上，迎向夕陽的塞車潮早已開始，排在最前頭的車陣大概是在銀座那一帶吧？一想到銀座繁華熱鬧的黃昏街景，就讓這裡的沉靜在心裡更加餘波盪漾。

61 明治時代的浮世繪畫家。

附近雖然也興建了不少高樓大廈，但這裡大部分都還是擠滿了小小的店家，也有不少兩層樓的木造房屋。在面對街道，一樓店面二樓住家的住宅外牆上，貼著閃亮亮的銅板建材——那是從昭和初期開始，就不曾改變的模樣。

「因為本願寺和聖路加醫院就在這附近，所以才沒有受到戰爭和空襲的波及啊！」我經常聽當地人這麼說。幸好躲過了戰爭，才讓我們現在也看得到這些從昭和初期就存在的商家。

抬頭看看這些房子，曬在窗邊的T恤和內衣正隨風飄逸著。大概是因為這一帶的房舍比較低矮，就算是午後的斜陽，洗好的衣服也可以很快曬乾。我想這些店家應該是一邊收店打烊，一邊打開洗衣機使用吧？還有些屋子的陽臺跟窗檯上還擺著盆栽。賣料理用具的店家正好開著門，只見好幾隻博美狗正在嬉戲玩耍。平常營業時我從來沒看過這些小狗的身影，大概開店的時候牠們都乖乖待在屋子裡頭，現在好不容易輪到牠們的自由時間，小狗們便搖頭晃腦地在門口四處探險。「不可以跑到馬路上！」店裡的人坐在馬鈴薯和橘子的箱子上，一邊看著報紙一邊對著小狗們大小聲。雖然在這裡開店做生意的人很多，不過有不少人都已經搬到郊外，或是隅田川對岸一帶居住。但即便如此，還是有人留在這裡生活。

這時候的空氣裡，偶爾會傳來線香的味道。這附近有一扇平常總被人潮和商品掩蓋氣息、牢牢上鎖的鐵門——今天這扇鐵門正好半開著。悄悄地探頭往裡頭看進去，裡面是一座墓地。墓碑前有一位身穿圍裙的女性在供奉著鮮花，雙手合十地站在餘煙裊裊的線香煙霧裡。今天大概是每個月一次的月命日[62]，所以她就趁著工作結束後，直接過來這裡祭拜吧！

以前築地本願寺的下院，就蓋在現在場外市場的位置上。從江戶或明治時代的地圖來看，這附近的確緊緊排列了不少小寺廟。現在的築地本願寺雖然面向新大橋通，但在江戶時代時其實是面向晴海通，也就是場外市場來建造。呃，不對、不對，那時候晴海通根本還沒出現，而且當時本願寺的占地比現在大了好幾倍，所以正門位置應該是在場外市場所在附近，而那些下院就密密麻麻地蓋在正門裡面。

築地本願寺的前身，是原本位在淺草的西本願寺，因為遭到一六五七年的明曆大火災燒毀，才會被遷移到築地來。在大火災的隔年，築地一帶就開始進行填海造地，工程

62日本傳統祭祀習俗。親人去世後，每個月要在同一日期裡祈福祭拜。例如親人的忌日若為一月十五日，在每個月的十五日都要祭拜。

完成之後，佃島的信徒們便在這裡建造了本願寺。寺院在之後也曾遭遇過好幾場火災，而我們現在所看到的築地本願寺，是以印度寺院為藍本，在關東大地震後重建的建築。從江戶時代末期的浮世繪畫師——安藤廣重所繪的「江戶名勝百景」裡可以發現，這座鋪了瓦片的宏偉寺院，就連站在霞之關也能看得一清二楚。當時築地是一片靠海的土地，據說從品川一帶出發的貨船，要往築地北方的江戶港前進時，也都是以寺院的大屋頂作為標的。

下院大概就是隨著築地本願寺的繁盛，開始接二連三地誕生的吧？大正十二年的關東大地震摧毀了日本橋魚河岸，聽說在魚河岸搬到築地之前，這裡就已經有五十七座別院了。但在之後，跟魚市場相關的商店開始如雨後春筍般地出現在場內市場周圍，逼得這些小寺院紛紛往郊外遷移，最後才形成了現在的場外市場。

不過現在在場外市場裡，還是留下了三間寺院——我的朋友由美工作的鹽漬鮭魚店，就是向稱揚寺承租院內土地來做生意。而圓正寺這座寺院，則是擁有令人印象深刻的生鏽銅板屋頂。興建在圓正寺本堂旁的民宅屋簷，在商家林立的小路上占了一大塊的空間。在這屋簷的底下，店家正在做著鱈魚卵、魩仔魚還有乾貨的生意。另一間妙泉寺，則是藏身在一般大樓裡，大樓的一樓是店家，門口也擺著堆積成山的昆布。

場外市場不只是一座與寺院共存的市場，出現在街道一角的墓地，也道出了這片土地的過去模樣。其實這邊有許多店家，都是蓋在已搬遷的墓地上，我曾經和場外市場的人聊過這段陳年往事，聽說在戰爭期間挖防空洞的時候，還曾挖過不少白骨出來。

「唉呀，當時真的挖到不少汽油桶呢，我可沒亂蓋喔，因為以前我也有挖到過啊。」

大概是我不小心露出了毛骨悚然的表情，對方還特地壓低了聲音對我說道：

「不過畢竟都入土為安了，怎麼可能就這樣挖出來嘛。而且聽人家說啊，在墓地上開店做生意比較容易賺大錢嘛。」

大家還真是積極堅強啊！這是當我走在人聲鼎沸的場外市場時，心裡頭總會浮現出的一句話。

接著從波除神社往新大橋通方向的路上，還佇立了「另一項」述說著築地故事的東西——

那就是上面刻著「小田原橋」的石柱。不過，這並不是普通的石柱，而是小田原橋所留下來的橋頭柱遺跡。在路的另一側，也有一塊長得一模一樣的石柱。雖然它完全隱身在茶具屋的招牌下，但的確是另一塊刻有「小田原橋」的石柱遺跡。把這兩塊石柱記在腦海裡眺望四周，可以發現附近的停車場長得特別細長，一眼就能曉得那裡曾有河川流過。沿著那座停車場往晴海通走，又可以發現門跡橋所留下來的橋頭柱遺跡。這塊門跡橋遺跡的前方，也是連接著模樣細長的停車場和公園。

畫家鏑木清方曾留下緬懷明治時期，題作「築地川」的優美隨筆。內容就是在描寫變化多端的築地川。

清方形容築地川沒頭也沒尾，從佃的出海口流進來，繞完築地附近後再往海裡流去，是一條毫無樂趣的河川。

「當晚潮開始漲潮之際，映著青柳倒影的河面美不勝收。當夏日即將來臨時，這片渡橋遍布的渡口景色總讓我懷念不已。」

不過，清方還是滿懷愛情地寫下這樣的文句。

不少當地人也對河川的往事記憶猶新。

「波除神社的附近啊，以前總會有漁船停在那呢！」

「稍微往銀座那裡走一點，還看得到牡蠣船喔！我記得是紅色的牡蠣船，隨時都燈火通明的。當時還想說總有一天，要在那裡吃一頓牡蠣大餐呢。以前還是小學徒的時候啊，根本不夠格跑到那種地方去呢！」

「對啦，以前牡蠣船那還有小船，夏天的時候都會有情侶在那裡約會划船，我記得差不多是戰後過一陣子的時候吧……」

「畢竟以前這裡有這麼多條河川，常常一不小心就會在河裡釣到小鱸魚或烏魚呢！」

清方對河川的回憶還可上溯到更遙遠的明治時代，他曾經寫道：「傳說在昏暗的河川附近會出現水獺女，在天色漸晚時獨自走在河邊，都會讓人覺得有點毛骨悚然。」據傳水獺會化身成美麗的女子，穿著蓑衣笠帽假裝成船夫的模樣。但是當牠一現出原形，就會噗通一聲地跳進水裡，聽起來感覺還滿有意思的。不過這樣煞有其事的傳說，似乎也訴說著以前的河川，是如此冷清荒涼的地方。

在築地還有另一條橋。那就是在波除神社旁，連接場內外市場的海幸橋。作家池波正太郎先生曾描寫過河岸的年輕人們，在海幸橋橋頭釣魚的情景。而在地下鐵日比谷線築地站的某張地圖上，海幸橋的標示似乎也看起來仍有河川流過，只不過現那裡已經一滴水也沒有，全長滿了茂盛的黃花草和狗尾草。在三年前的夏天，不知道是誰還在那裡種了茄子的苗，只不過才一下子就敗在堅忍不拔的雜草手下，到了最後，那人好像就放棄在那裡種植任何東西了。

在過去，這裡是一塊被寺院，還有築地川所圍繞的土地。

河岸的遷移似乎已經拍案定讞了，等到河岸搬遷完成後，這裡的河川遺跡大概也會消失得一乾二淨，變成另一種截然不同的風貌吧？

人們對城鎮的記憶可說是再簡單也不過了——破壞老舊的建築物，建造新穎的高樓大廈，人潮流向跟著改變，用不著一年，這座城鎮的往昔回憶就會隨風而逝。市街景色被光鮮亮麗的大樓，還有毫無個性的建築物占領。好啦，這裡以前到底長成什麼模樣呢？不管此時再怎麼用力回想，也喚不回曾經鮮明的記憶。

至今我已經失去過好多個曾經深愛的城鎮，我甚至連自己失去了什麼也不記得。不過就在最近，我開始發現失去的寂寞感。我想盡量讓自己別再失去所喜愛的美好事物，因此我決定只要有時間，就去河岸附近到處走走，就算只是場外市場的這片風景，我也想牢牢記在心底。

魚河岸的誕生和佃居民

在東京都的杉並區，當要抵達中央高速公路的永福收費站一帶時，從北上車道往下看，可以看得到一座墓園。在我來到河岸，開始了解日本橋到魚河岸的歷史後，這座原本只是車窗外一景的墓園，就在我心中成為了一個充滿意義的存在。這座墓園的名字叫作「築地本願寺和田堀廟所」。很多人在寫到有關魚河岸的誕生時，一定都會提到一位名叫森孫右衛門的人物，而他的追悼墓，就是放在這座墓園裡。接著彷彿就像隨側在森孫右衛門身邊一樣，那些佃居民的墳墓，也一一出現在追悼墓的周圍。

每家批發商家門口都掛有各自的商號招牌。我現在只要一有時間，就會沿著一塊塊寫著商號的招牌，在狹小的通道上散步。幾乎每家的商號都是由二、三個漢字所組成，充滿著古色古香的味道。這些又粗又大的文字，就算看再久也不會覺得膩。

附帶說明一下，「濱長」的商號，是取自初代老闆的名字「長吉」，加上跟魚息息相關的「濱」所組成。長吉老闆年輕時，曾在一家名叫「佃伊之」的店裡工作，之後才自己獨立出來開店。像這種學徒自己獨立開業的情況下，通常大部分的人都會在新商號裡，放進師傅店家商號中的一個字。更何況長吉老闆的代代祖先都居住在佃，所以會用「佃」來當作取名重心也是理所當然。不過，長吉老闆卻沒有這麼做。

現在的大老闆是「濱長」的第三代，學徒時期的大老闆，總會跟在長吉老闆的身邊學習。聽大老闆說，當時長吉老闆的小名叫作「主公大人」，長吉老闆的個性十分積極開朗，聽說到了晚年，他也依舊活躍於魚河岸的各個相關活動。大概就是因為獨樹一格的個性，長吉老闆才會不取「佃」這個字，自立新的商號吧！又或者是因為有太多的店家都有「佃」字，他才刻意反其道而行也說不定。

其實商號冠有「佃」的批發商家相當多。像是前面提到的「佃伊之」，還有「佃寅」、「佃多喜」、「佃堅」、「佃久」、「佃熊」、「佃友」等等，算一算差不多不下二十個，其中大部分的商家，都是以佃作為根據地。

不過跟佃相關的商號，以前似乎還有更多的樣子。根據《魚河岸百年》所記載，大正十三年日本橋魚市場組織的名冊來看，光是冠有佃字的商號，當時竟然就有八十家以上。

再往回追溯到幕末時期，在日本橋批發魚販的名冊裡，發現了佃屋傳兵衛、佃屋龜次郎、佃屋善次郎、佃屋長次郎等，一堆冠上佃屋的人名。

據說商號是在全國人民都能擁有姓氏的時代，也就是在明治時代之後才出現，所以在幕末時期的名冊裡並沒有記載店家商號。「佃屋」可說是商號的前身，佃屋傳兵衛的意思大概就是「住在佃的傳兵衛」吧！當時有不少人都是拿出生地來冠名自稱，河岸的名冊裡也出現了像是堺屋、遠州屋、尾張屋、相模屋、伊勢屋等，這種冠上了日本各地地名的名字。

到了明治時代，當人民都能擁有姓氏後，商家們也會特地取一個清晰響亮，如同自己別名一樣的商號。差不多就是從這時候起，冠上佃的商號就開始誕生了。在明治十八年出版的《東京流行細見記》裡，可以看到魚河岸的批發商家中，有一家名叫「佃善」的店。我想這應該跟剛剛提到的那位，幕末日本橋批發魚販的佃屋善次郎之間有什麼關係才是。會不會是因為佃屋善次郎這個名字，才會出現「佃善」這個商號呢？就像長吉老闆的商號，也用了自己名字中的一個字一樣。只不過在現在的河岸裡，已經沒有一家叫作「佃善」的商家，我們也無從得知其中的真相。

從江戶時代到現在，在東京固有的地名中，就屬「佃」最常拿來當作商號使用。像深川也是從江戶時代開始，就有很多專做鮮魚買賣的生意人，但是我卻從沒看過什麼叫作深川某某的商號。

「原來佃這塊土地從以前開始，就跟魚河岸結下這麼密切的因緣。就連到了現在，這層關係也還是依舊不變呢。」每當我看到批發店家的商號裡出現「佃」字，我都會一邊這麼想，一邊帶著驚訝的眼神盯著它瞧。

說到這段密切關係的開端……

在東京中央區日本橋的橋頭，有一塊昭和二十九年（一九五四）所設立，日本橋魚市場的紀念碑。紀念碑的碑文上寫了這麼一段話——

「一切的開端要追溯到遙遠的天正年間，德川家康進入關東創建幕府之際，來自攝津國西成郡佃村，還有大和田村的三十多名漁夫，也隨著德川家康的腳步搬遷至江戶居住。漁夫們在江戶從事漁業活動，供給幕府膳房之所需。之後在慶長年間，上繳幕府後的剩餘魚貨，可以販售給一般民眾。（摘錄）」

在這篇久保田萬太郎先生所寫的碑文裡，其中出現的「攝津國西成郡佃村」，指的是現在位於流向大阪灣的神崎川河口，大阪市西淀川區的佃。

而那三十多名漁民的領導人，又兼總司令的中心人物，就是本篇開頭所提到的森孫右衛門。

森孫右衛門是攝津國佃村的村長，得到德川家康的重用後，便帶領著底下的漁夫們從近畿來到了江戶。

德川家康進入江戶城後，在這塊土地上建立了幕府，並開始進行大規模的都市改造計畫。但隨著都市的成長，江戶人口不斷激增，確保糧食安全也成為幕府重要的課題。雖然面向江戶港的日比谷村也有漁民，但光靠他們還是無法解決糧食問題。於是，家康便請求交情甚篤的森孫右衛門下江戶支援。和江戶相比，近畿的漁夫們擁有更先進的捕魚工具和方法，而家康就是希望能藉此引進新技術，提高糧食的產量。

不過由於當時屬於武家社會，而森一族人又是為了供給將軍家的魚貨所需才被召來江戶，所以他們並沒有在江戶城內開店做生意。森一族人得到了幕府的許可，享有能在各處河川海濱自由捕魚的「特權」，並擔任御菜御用和御膳銀魚御用的職務。

關於銀魚在此時擁有特別待遇的原因，在坊間流傳了這麼一段故事——

在慶長年間，從攝津來的漁夫們在江戶出海捕魚時，發現魚網上纏了如雪一般的銀色小魚，在這條從沒見識過的小魚頭上，有著葵紋般的圖樣。而葵，正是德川家的家紋圖案。當這件事被稟告到家康耳裡時，家康發現那是他曾在家鄉三河吃過的小魚，並認為在江戶也能補到此魚是吉兆的象徵，開心得不得了。於是在家康的時代裡，銀魚就被奉為「御止魚」，禁止一般漁夫隨便捕撈。不過，享有特權的攝津漁民並沒有受到此限制。

這裡所說的攝津漁民，當然指的是森一族人。他們來到江戶之後，便將四散在隅田川河口的濕地填平，並取故鄉佃村之名，將這塊土地命名為佃島然後移居在此。雖然佃島漁夫只有在家康的時代裡才享有「御止魚」特權，但在這之後，捕撈銀魚也逐漸成為他們的專業。

關於這段故事，編修《魚河岸百年》的中心人物，而後也著有《魚河岸記》的近藤正彌，在經過一番調查後，提出了一種很有意思的論述——

銀魚被封為「御止魚」，變成佃村漁夫專業的真正意涵，其實是幕府監視江戶港的障眼法。江戶港是緊鄰鐵砲洲[63]的海灣，來自各地的貨船都會匯集在此。而船上的貨物

63 現在的中央區湊一丁目，位於隅田川西岸，因幕府試射鐵砲而得名。

會在這裡移到小船上，再轉運到江戶城內。除了物資之外，各式各樣的物品也會經由船隻運來，讓江戶港儼然成為了江戶城的海上玄關。

在歌舞伎「三人吉三廓初買」一劇中，小姐吉三在大川端（隅田川）所說的名臺詞裡，就出現了江戶捕撈銀魚的景象。「朦朧月色，銀魚漁火如春天晚霞」，如同這句名臺詞所說的，捕撈銀魚的時節就是十一月到春天的三月。此時的夜晚海面燈火通明，漁民會使用四手網來捕撈被亮光吸引的銀魚。在安藤廣重所繪的「江戶名勝百景」裡，其中一幅「永代橋佃島」就描繪了當時捕撈銀魚的情景。由於捕撈地點離江戶港不遠，畫中還有一艘艘的大船停泊在海上。而在幽暗的海面上，還有幾艘打著燈火的銀魚小船。由於十一月到三月的期間天氣寒冷，遊覽的船隻也跟著減少，因此在這段人煙稀少的時期裡，照亮夜空的銀魚漁火，確實可以發揮監視海面的作用。

這樣一來，看似充滿江戶風情的銀魚漁火，就出現了另一種觀點，也讓我對於監視海面的說法產生了濃濃興趣。

雖然段落順序上有點顛倒，但當森一族人抵達江戶後，不但擁有比江戶漁夫還要來得先進，一種稱作地獄網的捕魚法，還得到幕府賜與的捕魚「特權」。於是森一族人，便開始在江戶大舉進行捕魚活動。雖然規定漁獲只能上繳幕府，但是大豐收的時候，即使上繳之後還是會剩不少下來。

要是有人能幫忙解決這些多出來的魚，人之常情，漁夫們當然樂意分給他人。於是這些上繳幕府後所剩的魚，便會分享給一般民眾。然後收到魚的人，當然也會自然而然地付出某種代價來作交換。

於是森孫右衛門的弟弟——九左衛門忠兵衛便向幕府提出請求，正式得到販售剩餘漁獲的許可，開始在日本橋橋頭的本小田原町河岸開店做生意。那裡不但往來人潮眾多，又很方便停泊船隻，是江戶城裡最繁華熱鬧的一個地方。

九左衛門開店做生意的年代位於慶長年間，雖然正確的年月在魚河岸研究者之間眾說紛紜，尚未得到明朗的結論，但基本上就是日本橋蓋好（建造年代也有諸多說法）之後的事了。

總而言之，在江戶時代初期時，九左衛門便以佃屋忠兵衛之名，在小田原河岸開始做起鮮魚批發的生意。身為佃村漁民代表的忠兵衛，就成了日本橋河岸第一號專賣鮮魚的人物。

漁夫的工作就是出海捕魚，對算錢管帳的事當然很不拿手。與其要他一整天整理捕上岸的鮮魚，待在同一個地方賣魚做生意，倒不如請其他人幫忙看店，這樣漁夫也能專心出海捕魚。於是在漁夫之間，自然而然地就出現了向漁夫進貨，專門賣魚的「批發魚商」。

當初佃的漁夫們來到江戶時，都是借住在大名的宅邸裡，然後再出海捕魚。不過就像之前所提到的，由於實在是太不方便，漁夫們便向幕府請求許可，填平隅田川河口的濕地成島，然後移至島上居住。這座模仿攝津國佃村的佃島，是在正保元年（一六四四）的時候出現，看起來就像是在江戶港上撇上一點的小島。而森孫右衛門便趁這時候回到攝津國，弟弟忠兵衛則是以村長的身分留在佃島，代代子孫世襲忠兵衛之名。

透過森右衛門率領攝津國的漁夫們進入江戶之事，魚河岸的誕生也因此有了譜。

這些漁夫們不但跟幕府關係密切，賣的又是上繳將軍御用魚後的剩餘漁獲，甚至還占盡了免除稅金等特權的便宜……魚市場就在多重的庇護之下開始日漸繁榮。見到河岸的繁盛景象，日本橋的魚市場便聚集了來自四面八方的商人，因此這時候才會出現堺屋、遠州屋、三河屋等，冠上全國各地地名的批發魚商。其中冠上佃屋之名，向佃漁夫們批魚貨販賣的批發魚商，也在魚河岸的一角開店做起生意。

不論是明治、大正，或是魚市場因關東大地震從日本橋移至築地之時，佃都是漁夫的天下、批發魚商的城鎮。在昭和二十幾年後半，大老闆還是學徒的時候，他就居住在佃的土地上。聽說在當時，這個不用一小時就能走遍所有大街小巷的地方，竟然有上百間的批發商家。但是回頭看看現在，可以發現佃這個字已經開始從河岸一個又一個的消失。我想那大概是從昭和三十九年（一九六四）佃大橋開通，渡船廢止，再也無法稱佃是座島的時候開始的吧……

話題再回到「築地本願寺和田堀廟所」——從攝津國佃村入江戶的森孫右衛門，讓魚河岸的誕生出現了契機。在他的追悼墓周圍，也蓋了不少佃居民的墳墓。墓上除了刻有每個人的名字之外，也自豪地記載了各自的商號。「濱長」、「佃伊之」、「佃初」、「森初」……我覺得這些商號，都代表了河岸人的驕傲。

探尋今昔江戶

每次一來到河岸，我都會像兔子一樣豎起耳朵。只要每記住一個河岸用語，都會讓我的心情雀躍不已。

「喂！茶屋票是放去哪裡了啊！」

大老闆每天早上像這樣一邊大聲嚷嚷，一邊到處尋找的「茶屋票」，其實就是訂單的傳票，雖然是電腦印出來的紙，但在這裡卻被叫作茶屋票。

「喂——大家快點把茶屋貨拿出來，快來不及了喔。」

負責送貨的阿德，不斷拉起嗓門大喊。他說的「茶屋貨」，指的就是要送到出貨保管所的貨。客人在河岸所購買的魚貨，大部分都會先送到被稱作「茶屋」的出貨保管所，接著再根據往新宿方向，或世田谷方向等不同目的地來分類，用貨車來進行配送。

河岸總共有四家茶屋組織，而其中一家就叫作「潮待茶屋」。

等待海潮的茶屋，光聽名字就讓人好興奮，那裡是不是可以一邊搬貨，一邊跟漂亮大姊姊喝杯茶的地方啊？一說到茶屋，我的腦海裡就自動浮現出京都和金澤的遊廓茶屋。我甚至還在這片煞風景的河岸裡，到處尋找那樣風情萬種的地方。不過想當然，這裡怎麼可能會有呢！河岸的茶屋，就是遮風避雨的屋頂加上水泥地板的露天建築物。雖然這裡也是看得到曾經漂亮過的大姊姊，坐在壞掉的椅子上喝著粗茶啦……

保管貨物的茶屋系統差不多是從江戶時代，日本橋出現魚市場的時候開始建立的。過去的江戶是座水運都市，看到當時的江戶地圖時，還會忍不住讓人懷疑「這是威尼斯的地圖吧？」河川跟運河縱橫交織，魚貨也大多是利用船隻來運送。不過由於水深很淺，就算船上已載滿了貨物，海水不漲潮船也開出不去。因此大家就會一邊喝茶一邊等待滿潮的到來，「潮待茶屋」的名字也就由此而生。

雖然現在許多批發商家都成為了公司行號，店老闆的稱呼也轉變成社長，但是「老闆」這個詞，我們現在還是經常拿來使用。

「老闆」這個稱呼相當方便，對有點年紀的客人也可以稱他為「老闆」，這時候的「老闆」就跟稱呼社長一樣，含有尊敬的意思存在。

「哎呀呀，老闆是賣什麼的呀？」

但是像這種比較開玩笑的講法，感覺就已經跟「你」是同樣意思了。

總之，不管是買方還是賣方，河岸裡處處都是老闆。不過被稱為是老闆，一點也不會讓人感到不舒服，我想這應該就是在激烈粗魯的河岸對話裡，難得展現出的小小溫柔才是。

另外，掌管店裡大小事的老鳥大叔叫作「大掌櫃」，年紀小的工作人員叫「年輕人」；然後一般通稱男性為「大哥」，女性則是不管年紀多大都叫「大姊」。

對了對了，大老闆回憶過去時發的牢騷，也出現了讓我印象深刻的字詞——

「以前景氣好的時候啊，甚至還會賺到角兵衛呢！」

角兵衛？

「就是角兵衛獅子啦。他們表演的時候不是會翻跟斗嗎？所以要是翻了兩倍就叫角兵衛，翻了三倍就是三角兵衛，這可是河岸的基本用語耶。」

我之前曾在女性流行雜誌上寫過很長一段時間的文章。當時為了要符合雜誌風格，我就練就了盡量使用外來語的筆法。要是現在用那種筆法來寫，老闆就變成owner。然後茶屋票要叫order傳票，年輕人跟大哥叫staff，大掌櫃是general manager。而河岸就是有很多rare seafood的fish market。啊、還有角兵衛獅子就是street performer……

如果不小心在河岸用這種莫名奇妙的橫式語言講話，一定會被大家拿來當成笑話講吧？

「濱長」雖然和很多餐廳都有來往，但不論廚師是作法國菜還是義大利菜的，通通一律都叫他師傅；如果是相當於總料理長的大主廚，則稱他為老師傅。「喔，貝多拉的老師傅上門囉。」、「法國師傅來了喔。」所以這樣的用語就會不時出現在店裡。順便一提，貝多拉的老師傅，就是那家預約爆滿的超人氣義大利餐廳，「LA BETTOLA」的落合大廚；而法國師傅服務的餐廳，則是位在原宿的法國餐廳「Ile de France」。

「大廚他……」店裡的年輕人還是會這樣叫餐廳的師傅們，但是聽起來總覺得很難為情，感覺也怪不舒服的。其實到底要怎麼叫都無所謂，只是我還是希望這歷史悠久的「河岸基本用語」，能長長久久地流傳下去。

河岸除了在言詞之間殘留了江戶和明治風情外，其實工作的辛苦程度也跟以前沒什麼差別。

這是《江戶名勝畫集》告訴我的事。

這本收錄了當時名勝風景的畫集，是在江戶時代漸入尾聲之際，也就是天保年間所出版的，不但是再版多次的暢銷名作，甚至到現在也依舊陳列在神田舊書店的架上。不過前幾天我去的那家舊書店，十本一整套竟要價二十八萬圓。現在這套畫集雖然也發行了復刻版，但我最喜歡的，還是川田壽先生所寫的《讀江戶名勝畫集》（東京堂出版）這一本。要是想見上《江戶名勝畫集》本尊一面時，我都會去離河岸很近的中央區鄉土資料館。

《江戶名勝畫集》裡最有意思的地方，就是長谷川雪旦栩栩如生的畫了吧！那幅畫了日本橋魚市場，也是江戶城裡最人聲鼎沸之地的畫，彷彿將當時的繁華景象重現在我們眼前。賣魚的人、運送魚的人、買魚的人，每個人的動作表情都描繪得活靈活現，簡直讓人跌進了魚市場的喧嚷氣氛裡。

而這座日本橋魚市場，就是築地魚河岸的前身。

在這幅畫作裡，可以看到日本橋的河岸邊，有一整排像是隨便搭建的小店，看起來就只是用板子隔出一個空間，上面再加上一片當作屋頂的板子而已。店門口面對道路，店後方則是漁船靠岸卸貨的地方。載著魚貨的船陸陸續續停靠在岸邊，開始進行卸貨的工作。

從船上卸下來的魚，會馬上在店後方放進木桶裡。只見小店的後方，有人在忙著確認木桶內的鮮魚數量，也有人在趕著清洗空木桶，然後拿到太陽底下曬乾，每個人看起來都忙得不可開交的樣子。

店門口的木桶上架著門板，鮮魚就陳列在板子上。這些門板就像現在的展示櫃一樣，上面都是擺著本日促銷的鮮魚。而在店裡面，塞滿鮮魚的木桶層層堆疊，裡面想必應該都是預留給熟客的魚才是。

在門板的後方，有一個一人座位的空間，一位頭綁毛巾的男子正埋著頭，忙著在帳本上登記今日的營業額。在男子的身旁，有一樽中央開了個小孔，拿來當作錢桶的桶子。收到的錢，就會往桶子上的小孔裡投。簡而言之，門板後面的空間就像現在的帳房，就是收銀或結帳櫃臺之類的地方啦。

旁邊有一家規模特別大的店，好幾個來採購的客人都停在店門口注視著鮮魚。在這家店的門板後方，當然也有一位手拿著算盤的男子——雖然他的眉頭深鎖，表情卻像是笑得合不攏嘴，看來不是今天進了熱門的好魚貨，就是今日業績飆到破表了吧！

這幅兩百年前的景象，跟現在的河岸可說是一模一樣。

雖然現在的店家是一起開在同一個大屋頂底下，不過沿著通道開設店鋪的方式，跟畫上幾乎是沒什麼兩樣。門板上同樣陳列著鮮魚，店裡也有一間被稱為「錢箱」的帳房。而裡面的人正敲打著取代算盤的計算機，一臉認真地在算帳。

用來搬運保存鮮魚的木桶，現在則是換成了主流的保麗龍箱。老實說，在店裡嘩啦嘩啦地用海水清洗、整理保麗龍箱，就是我每天的工作之一。

現在運輸魚貨的方式，幾乎都是以貨車為主——貨車送來的鮮魚，會匯集到這棟批發商店雲集的建築物後方。穿過這塊擠滿魚貨的地方後，就會來到隅田川。碼頭邊還停靠著運送鮮魚，剛從伊豆一帶過來的船隻。

隅田川的川幅遼闊，河川上空還會出現幾隻海鷗畫著圓弧飛舞。隅田川下游再過去一點，就是東京灣了。每每帶著友人來到這裡，他們都會一邊深深吸一口海水氣息，一邊想起東京是一座面海的城市，發出興奮的歡呼聲。

緊臨江戶灣（現在的東京灣）的地利之便，也是日本橋魚市場誕生的原因之一。東京是在江戶時代進行的填海造地工程中，逐漸擴大而成的都市，海岸線也因此產生了極大的變化。雖然從現在的地圖來看，佃跟海岸有一段不小的距離，但其實在進行填海造地前，佃就像是掉落在江戶港上的一個小島一樣。當時日本橋與海的距離，也比現在還要近上許多。

跟《江戶名勝畫集》中的情景相比，現在的河岸空間當然是壓倒性的巨大，不過若是以市場的結構來看，其實和江戶時代並沒有太大的差別。

河岸的工作結束後，我會在天氣好的日子裡來到隅田川碼頭，一個人默默發呆消磨時間。空氣中混雜了海水味，還有幾隻海鷗正在空中飛舞。在這段人煙稀少的短暫午後，河岸就變成了海鷗們的遊樂場所。在此之前，牠們似乎都是在碼頭附近殺時間等待此刻的來臨。

我又再次回想起《江戶名勝畫集》的畫了，不知道那些在店裡忙進忙出的男子們收工後，會不會像這樣待在海鷗紛飛的岸邊，感嘆地眺望著河面呢？在這片充滿江戶風情的河岸裡，我一邊遙想著江戶，一邊度過這段短暫的片刻。

不過……再過個十年，河岸就會遷移到豐洲去。

前幾天，我開車去了豐洲一趟。風呼嘯地吹過，健壯的芒草長得老高，對面角倉庫並排著的地方，看來是新開發的土地。

江戶時代初期，魚河岸出現在日本橋；大正十二年，關東大地震摧毀了魚河岸，讓日本橋三百年的魚河岸歷史就此告一段落。

大正十二年的年底，魚河岸轉移至築地開始試營運——即使已經將近八十個年頭過去，現在依然能在築地各個角落發現殘存的江戶味。河岸對我而言，也是一個可以感受江戶氣息的地方。

不知道在新的土地上，河岸又會留下多少江戶風情呢？抑或是將過去的所有丟得一乾二淨呢？我在腦海中想像著十年後的河岸，結果又不小心發起了呆來。

後記

我初訪河岸的那一天，便在無意之間渡過了海幸橋。

那是一座塗了水藍外漆，堅固又牢靠的鐵拱橋，斑駁的外漆露出了赤紅的鐵鏽，彷彿道盡了拱橋的風霜歲月。橋下的河水被填平，一邊蓋成了停車場，另一邊則是留下了一片河川模樣的細長空地。讓人一目就能了然，海幸橋身為橋梁的使命早已結束。

或許就是因為它的名字，和這座受到海洋寵幸的市場十分切合，我才會深深地被海幸橋吸引吧！每前往一次河岸，我對這座橋的依戀就會跟著與日俱增。

在這裡待很久的河岸人曾跟我說過，在海幸橋下還有河川流過時，當時的河岸曾被人稱為「島」。因為這裡不但緊鄰隅田川河口，四周又被河川所包圍，必須要過橋才能夠抵達河岸。這彷彿如孤島般的地形景觀，確實被稱作「島」也不奇怪。

然而就在今年一月，海幸橋似乎開始進行了某種工程的樣子。就在我才覺得正奇怪的時候，鐵製的巨拱被切斷，橋就在轉眼之間被拆除了。海幸橋是在昭和二年（一九二七）竣工，橋型為「跨距朗架式鋼拱橋」，是日本現存朗架式的橋之中，最古老、也最具有學術價值的珍貴橋梁……但是聽說當時填平河川的時候，這座有七十年以上歷史的橋，就已經預定要在這個春天拆除，只留下橋頭柱作為紀念。

不過在河岸的這段日子裡，我也了解到所謂的「島」，同樣也含有與外面世界隔絕的地方之意。

外面與裡面——這樣的認知似乎到現在依舊深植在河岸人心裡。「大姊，現在外面世界怎麼樣了啊？」我經常被人這麼問道。雖然我被大家視為外面世界的人，但已經在這裡紮紮實實地泡了四年，覺得自己也開始逐漸脫離外面世界的我，一邊對著問題啞口無言，一邊對「外面世界」這個詞恍然大悟。

河岸的一天是從深夜開始。除了生活作息之外，流通、價格設定、買賣方法、人與人之間的溝通等等，也都跟外面世界與眾不同。大概就是綜合了這些種種，河岸才會得到「島」的稱呼吧！

只要我一有時間，我就會在這座「島」四處漫步閒聊。但是這座「島」之大及複雜，已經超越了我的想像。因此這本書裡所寫到的部分，只是這座滿足都市巨大食慾的市場一角，以及我這位「貓幫手」一小部分的所見所聞而已。

往後，我還想再繼續探索學習關於河岸的一切。

福地享子

國家圖書館出版品預行編目資料

築地魚市打工的幸福日子／福地享子著；許展寧譯. -- 二版. -- 臺北市：馬可孛羅文化出版：家庭傳媒城邦分公司發行，2019.11
面；　公分. --（Eureka；ME2049）
譯自：築地魚河岸猫の手修業
ISBN 978-957-8759-95-4（平裝）
1.水產品業　2.市場　3.通俗作品　4.日本
483.51　　108016488

【Eureka】ME2049X

築地魚市打工的幸福日子

築地魚河岸猫の手修業

作　　者❖福地享子
譯　　者❖許展寧
封面設計❖王春子
內頁排版❖張彩梅
總 編 輯❖郭寶秀
協力編輯❖希沙良
行　　銷❖許芷瑀

發 行 人❖凃玉雲
出　　版❖馬可孛羅文化
104台北市中山區民生東路二段141號5樓
電話：02-25007696
發　　行❖英屬蓋曼群島商家庭傳媒股份有限公司城邦分公司
104台北市中山區民生東路二段141號2樓
客服服務專線：(886) 2-25007718；25007719
24小時傳真專線：(886) 2-25001990；25001991
服務時間：週一至週五9:00～12:00；13:00～17:00
劃撥帳號：19863813　戶名：書虫股份有限公司
讀者服務信箱：service@readingclub.com.tw
香港發行所❖城邦（香港）出版集團有限公司
香港灣仔駱克道193號東超商業中心1樓
電話：(852) 25086231　傳真：(852) 25789337
E-mail：hkcite@biznetvigator.com
馬新發行所❖城邦（馬新）出版集團 Cite (M) Sdn Bhd
41, Jalan Radin Anum, Bandar Baru Sri Petaling,
57000 Kuala Lumpur, Malaysia.
電話：(603) 90578822　傳真：(603) 90576622
E-mail：cite@cite.com.my
輸出印刷❖前進彩藝有限公司
初版一刷❖2012年7月
二版一刷❖2019年11月
定　　價❖300元（如有缺頁或破損請寄回更換）

ISBN 978-957-8759-95-4